Mirko Maccani

IM WALD

ÜBER DAS SCHWIERIGE MITEINANDER VON MENSCH UND NATUR

AUS DEM ITALIENISCHEN
VON WERNER MENAPACE

EDIZIONI WE

ISBN 979-12-5497-144-4

www.clickpertutti.com
www.edizioniwe.com
www.facebook.com/edizioniwe
www.instagram.com/edizioniwe
info@edizioniwe.com

VORWORT
Nicola Bergamaschi

In einer immer dichten besiedelten Welt ist die Lektüre des Buches von Mirko Maccani, der von echten Abenteuern erzählt, die er allein oder mit seinen Kindern Ava und Nicolas erlebt hat, im Wald und in der ursprünglichen Natur, eine Wohltat für das Herz.

Nachdem er uns einige Grundkenntnisse in Sachen Ökologie vermittelt hat, lässt uns Mirko in seine Welt eintauchen, die darin besteht, Tag und Nacht auf der Lauer zu liegen, nachzuforschen, zu beobachten und ungewöhnliche Begegnungen mit der reichhaltigen heimischen Fauna zu machen.

Beim Lesen der verschiedenen Kapitel der Arbeit werden Sie auch mit zahlreichen aktuellen Umweltthemen konfrontiert, zu denen der Autor seine persönliche Sicht darlegt.

Als Herausgeber kann ich nur Stolz über die Veröffentlichung dieses erzählerischen und populärwissenschaftlichen Werks empfinden, das sicher einmalig in seiner Art ist..

Nicola Bergamaschi
Gründer des Verlags Edizioni We

IM WALD

Ich widme dieses Buch meinen Kindern
Ava und Nicolas

Einführung

Diese Arbeit maßt sich nicht an, eine oder mehrere Antworten zu geben, sie möchte vielmehr die Fragen zusammenfassen, die ich mir bei meinen Beobachtungen in der Natur in den letzten Jahren gestellt habe. Im Wald war ich öfter mit meinem Sohn, ab und zu mit meiner Tochter, selten mit Freunden, meistens allein. Für mich ist es eine Art Therapie, ich wüsste keine andere Bezeichnung dafür; eine Zuflucht aus der anderen Welt, die andersgeartet ist, wo du ständig in Eile bist, wo du vor einem Beutegreifer fliehen willst, den du selbst zum Abendessen eingeladen hast. Während der Wanderungen, der Ruhe- und Schlafpausen und der Beobachtungen, tagsüber und nachts in den Wäldern, können sich viele Fragen auftürmen, auf die du eine Antwort suchst. Du beobachtest und fragst dich, beobachtest und antwortest dir ab und zu. Du wägst ab, überlegst, suchst andere Gesichtspunkte, andere Möglichkeiten, und auch wenn du dir eine Antwort gibst, weißt du nie, ob es die richtige ist, und du suchst in deinem Gedächtnis, zwischen Zehntausenden Seiten, die du gelesen hast, nach Hilfe. Du machst dir Notizen, fasst deine Erinnerungen zusammen, denkst: „...zu Hause lese ich dieses Buch noch einmal...", „...wenn man Google braucht, hat man keinen Empfang." Fragen, die stets weitere Fragen nach sich ziehen, und so denkst du und beobachtest du, auf einem Notstuhl sitzend, einem umgestürzten

Baumstamm, einem wie für einen Fakir gemachten Felsblock, einem Ast in fünf Meter Höhe. Einen Notizblock in der Hand, ein Fernglas oder ein Vergrößerungsglas in der anderen, den Fotoapparat um den Hals, ein Maßband in der Tasche. Nachts tippst du die Notizen ins Telefon, da brauchst du wenigstens keine Taschenlampe, das Nachtsichtgerät um den Hals, die Ohren gespitzt. Nachts fällt mir das Denken schwerer; die Sinne, besonders das Gehör, lenken mich ab. In dieser falschen Stille, hervorgerufen durch den Atem der Natur, macht auch ein kleiner Siebenschläfer einen Riesenkrach, zwei Rehe, die einander nachlaufen, werden zu einer Herde von Pferden, ein grabender Dachs wird zu einer regelrechten Tunnelbohrmaschine. Das erste Mal war ich etwas durcheinander, dann habe ich mich allmählich daran gewöhnt, jedem Geräusch eine mögliche, greifbare Erklärung beizumessen. Alle diese Gedanken, die, wie gesagt, schlussendlich Fragen sind, erfordern eine Grundkenntnis, um von jemand, der diese Themen nicht studiert oder sich noch nie mit ihnen befasst hat, verstanden zu werden. Es ist ein Abenteuerbuch, ein Roman, kein populärwissenschaftliches oder wissenschaftliches Buch; dieser Rolle könnte ich nicht gerecht werden und gerade deshalb werde ich am Ende einige Bücher auflisten, wo ihr die behandelten Themen vertiefen oder möglicherweise Antworten auf meine Fragen oder auf die, die mit Sicherheit ihr hinzufügen werdet, finden könnt.

Wie schon gesagt, meine Wahrheit maßt sich nicht an, die absolute Wahrheit zu sein; ich möchte euch von meinen Erfahrungen erzählen, wobei ich mir bewusst bin, dass oft nicht einmal die Wissenschaftler eine gesicherte Meinung zu den behandelten Themen haben. Ich habe viel Zeit damit verbracht, Bücher bedeutender Forscher zu lesen und zu studieren, und sie vertraten natürlich nicht immer die gleichen Thesen; einige diskutierten offen darüber, oft auch lebhaft und streitbar. Von Darwin und Wallace zu Huxley und Tinbergen, zu von Holst und Lorenz, bis Stephen Jay Gould, John Maynard Smith, Richard Dawkins und vielen anderen. Die Untersuchungen, Theorien und Ansichten dieser Gelehrten sind sich zum Teil ähnlich, zum Teil diametral entgegengesetzt. Zu den verschiedenen Thesen muss man dazusagen, dass die Forschung nicht stehen bleibt: Die neuen Technologien und die Riesenfortschritte bei den geologischen Untersuchungen, den Untersuchungen über die DNA und die Gene, der Einsatz von Isotopen-Chronometern (radiometrische Datierungen wie Carbon-14, Aluminium-26, Kalium-40) und der wissenschaftliche Fortschritt im Allgemeinen erlauben uns heute, Forschungen und Thesen der Vergangenheit zu revidieren. Wenn ich mich mit Tinbergen, Lorenz, von Frisch und viele anderen Forschern beschäftige, auch mit zeitgenössischen, muss ich mich immer daran erinnern, in welchem historischen und wissenschaftlichen Zeitraum sie ihre Theorien ausgearbeitet haben. Ich bin begeistert, wenn ich sehe und verstehe, was die Wissenschaftler ohne die heutigen Technologien und Kenntnisse zu leisten imstande waren. Auch die jüngsten biologischen, zoologischen und ökologischen Abhandlungen werden – nicht morgen, aber in einigen Jahren – als veraltet gelten; und, zum Glück, als Zeichen eines Sektors, der ständig in Bewegung ist.

Meine Geschichte möchte euch zeigen, was ich erlebt habe, meine Gedanken, eine Zusammenfassung der Bücher, die ich gelesen habe. Das Gedächtnis kann mich trügen, meine Interpretationen können falsch sein, was aber zählt, ist die Erfahrung, von der ich euch berichten möchte. Das Buch ist in zwei Teile gegliedert, einen mehr technischen und wissenschaftlichen und einen, der von meinen Abenteuern im Wald erzählt, allein oder mit meinen Kindern.

ERSTER TEIL
Der Raum, der Mensch und die anderen Tiere.

I
Grenzen?

Von klein auf hatte ich das große Privileg, in der Natur leben zu können; vollständig von ihr umgeben.

Seit einigen Jahren, nach meinem letzten Umzug, ist diese Dimension noch mächtiger geworden. In meinem Kopf eines kleinen Jungen, der freiweg ursprüngliche Räume erkundet, gab es keine Grenzen. Erst als ich größer wurde, wurden sie mir erklärt, oder vielmehr geschah es, dass man sie mir einredete. Grenzen aller Art. Das schon, das nicht, dort schon, dort nicht. Tatsache ist, dass wenn ich als Kind einen Fuchs durch die Außenbezirke des Dorfes streifen, einen Steinmarder abends auf dem Platz oder ein Reh sah, während ich durch den Wald bummelte, mich sicher nicht fragte, ob einer von beiden, ich oder sie, fehl am Platz waren. Dann aber passiert es, dass man, ohne sich dessen bewusst zu werden, ohne zu kapieren, wie oder auf wessen Veranlassung, beginnt, die Besitztümer aufzuteilen. Es handelt sich aber nicht um einen rein materiellen Plan, etwa im Sinne von dieses Spielzeugauto gehört mir, der Ball meinem Bruder, die Gitarre einem Freund; es geht darum, den Besitz des Territoriums einzufordern. Heute, da ich auf die fünfzig zugehe und die wilden Tiere im Wald, im Garten, im Haus, bei Tag und nachts beobachte, frage ich mich oft, wer fehl am Platz ist und ob es ein Fehl-am-Platz gibt.

Wenn ich zu den Anfängen zurückkomme, dann gab es

keine Städte und die Natur stand allen zur Verfügung. Jedes Lebewesen wählte ein Habitat, ein Ökosystem, das eng mit ihm selbst und dem Resultat seiner Evolution verbunden war. Oft gehen mir, während ich im Wald sitze, eine Menge Fragen und mögliche Antworten durch den Kopf und ich frage mich, ob ich der Bewohner oder ein Gast bin. Natürlich komme ich von dort her, ich bin mir aber bewusst, dass ich vergessen habe, wie ich mich bei mir zu Hause benehmen sollte. Ich habe festgestellt, dass der Mensch dazu neigt, sich Dingen gegenüber, die er nicht als die seinen empfindet, schlecht zu benehmen, während er mit den eigenen besonders eifersüchtig und übersteigert umgeht. Das gilt für alles, auch für viele Gegenstände; im Allgemeinen sehe ich nicht die Höflichkeit und den Respekt gegenüber der Natur, die mir alle weismachen wollen.

Ich fühle mich in einem Wald eigentlich nicht außerhalb der Grenzen, man muss sich nur bewusst sein, dass sich die Regeln ändern. Wo endet mein Aktionsraum und der eines Bären oder eines Rehs? Wenn ich in den Wald ziehe, können sie dann in meinen Garten ziehen? Das Grundproblem besteht im ökologischen Wandel der verschiedenen Habitate. Wir sind so arrogant und überzeugt, eine Umwelt verändern zu können, um sie uns oder unseren Tätigkeiten anzupassen; zum Beispiel einen Wald in eine Alm oder einen Forst in Land für die Viehzucht. Das alles ist überhaupt nicht umweltfreundlich und es wäre angebracht, sich dessen bewusst zu werden; auch was die Landwirtschaft betrifft. Ich bin mir bewusst, dass der Mensch sie braucht, doch es handelt sich um regelrechte Enteignungen, die nach ganz anderen Kriterien vorgenommen werden müssten (wir sprechen ein paar Kapitel später darüber).

Die Grenze zwischen ich dringe in ihr Territorium ein und sie in meines gibt es meines Erachtens nicht, zumindest nicht in der Bedeutung, die wir dem Wort eindringen geben, und deshalb muss man eine neue Möglichkeit des Zusammenlebens suchen. Ein wesentlicher Unterschied besteht zudem darin, dass in der Tierwelt die Verteidigung des eigenen Aktionsraums nur selten zur Tötung des Eindringlings führt. Unsere Gewohnheiten bringen uns dazu – aus Arroganz, Allmacht, Totalitarismus, Dummheit, Bequemlichkeit, Unwissenheit, Geiz –, diese Gegebenheit, die wir als Eindringen bezeichnen, zu verstärken; das sehen wir uns im nächsten Kapitel an.

II
Opportunismus

Die Tiere, uns eingeschlossen, sind Opportunisten und oft – nicht alle, aber viele – Gewohnheitswesen. Im Grunde strengen wir uns nicht gern an und leben wir, kurz gesagt, für wenige grundlegende Dinge: Ernährung und Fortpflanzung (auch für den Sex als bloßes Vergnügen). Ich bezweifle, dass wir für die beiden Dinge gern absurde Anstrengungen unternehmen, auch wenn wir es dann häufig tun.

Die Revolution im Umweltbereich, von der ich eben geschrieben habe, bedingt durch Landwirtschaft und Viehzucht, schafft neue Habitate und ökologische Nischen, die regelrechte Supermärkte sind, kostenlos und bequem, für alle jene Tiere, die in jenem Gebiet vor dem vom Menschen aufgezwungenen Wandel wohnten. Nicht denkbar, dass all das nicht zum Opportunismus verleitet. Kein Wildschwein müht sich ab, Eicheln oder Wurzeln zu suchen, wenn es ohne Mühe Trauben findet, kein Reh macht sich auf die Suche nach im Wald verstreuten Trieben, wenn es sie in kilometerlangen Reihen in einer schönen Rebanlage auf Nasenhöhe findet, kein Wolfsrudel riskiert es, sich mit einem Hirsch auseinanderzusetzen, nachdem es ihm kilometerlang nachgesetzt hat, wenn es Schafe aufspürt, die ohne Auswegmöglichkeit eingeschlossen sind. Ich kenne Menschen, die nicht arbeiten, weil jemand für ihren Unterhalt sorgt.

Dieses „Eindringen" wird nicht nur durch die kostenlosen und bequemen Selbstbedienungsläden (Landwirtschaft und Viehzucht), erleichtert sondern auch durch Unrat, Kompostierung, die absichtliche und begünstigte Fütterung von Wildtieren (Vögel, Füchse usw.) und die unabsichtliche Fütterung, die darin besteht, dass man Futter für Katzen und Hunde in Reichweite von Steinmardern, Füchsen, Igeln hinterlässt. Das alles und zusätzlich die Zerstörung ihrer natürlichen Lebensräume und Nahrungsketten fördert ein immer häufigeres Eindringen, das zu einem mehr oder weniger angenehmen Zusammenleben führt, ausgehend von unseren Sympathien, einem ästhetischen Empfinden, oder einem Nutzen.

Tatsache ist, dass für die Menschen – nicht für jeden – eine Spinne, eine Schlange, eine Maus, ein Steinmarder, ein Bussard, ein Wolf einem Rotkehlchen, Eichkätzchen, Reh, Igel oder Spatz, der an der Bar einen Chip stibitzt, nicht gleichkommen. Zu diesen persönlichen Einstellungen und Interessen gesellt sich meines Erachtens auch die verbreitete Überzeugung der Überlegenheit, die mehr oder weniger bedenkenlos unter den Menschen umgeht. Diese Überzeugung der Überlegenheit ist lächerlich, denn sie mündet in die Unterdrückung unseres Konkurrenten; wenn das die erste und einzige Wahl ist, dann ist es ein klares und entwaffnendes Zeichen von Unwissenheit und Rückständigkeit.

Ist das die ganze Weisheit, der ganze Stolz und Fixpunkt unserer Theorien zur Unterscheidung von den anderen Geschöpfen? Abschreckung als Prävention sollte immer unsere erste Wahl sein und die Technologie eine Hilfe für einen Schutz, der nicht tödlich ist. Die Unterdrückung sollte die letzte, traurige Bestätigung unseres Scheiterns sein.

III.
Unterschiedliche und unterschiedlich schnell ablaufende Evolutionen

Ich kann nicht in den Kopf eines anderen Tieres hineinsehen und auch nicht wissen, ob seine Handlungen von Überlegungen getragen sind, die über den Instinkt hinausgehen. Wenn wir den reinen Ernährungszweck ausschließen, dann bezweifle ich, dass ein Tier, wenn es sich entschließt, ein anderes Tier, auch ein menschliches, zu stechen, zu beißen oder zu kratzen, es im Bewusstsein tut, es töten zu wollen. Zweck ist die persönliche Verteidigung, die seiner Jungen oder seines Territoriums und es ist immer und auf jeden Fall eine extreme und letzte Alternative. Also unterscheiden uns zwei wesentliche Dinge. Das Bewusstsein von Aktion und Ergebnis und die Wahl der ersten und wichtigsten Aktion. Nehmen wir zum Beispiel einen Bären, eine Schlange oder eine Spinne, dann entscheiden sie sich als Erstes (trotz ihrer verschiedenen Möglichkeiten: Kraft, Überraschungseffekt und Mimikry) fast immer für die Flucht. Ihr Angriff wird beinahe immer durch unsere Handlungen ausgelöst, die sie bedrohen und ihnen keinen Ausweg und keine Alternative lassen.

Bedrohungen, die wir häufig unfreiwillig und unbewusst auslösen; wir denken an die Möglichkeit, auf eine Schlange zu treten oder in einen Schuh mit einer Spinne oder einem Skorpion darin zu schlüpfen, einem Wespennest oder den Jungen eines Beutegreifers zu nahe zu kommen. Ich glaube, dass unsere Fähigkeit zu überlegen, zu prüfen und verstandesgemäß zu handeln das herausstreichen muss, was wir oft so emphatisch als Unterschied zwischen uns und den Tieren definieren. Ihr werdet mich nie sagen hören, dass die Tiere besser sind als die Menschen, aber auch nicht das Gegenteil; denn ich glaube nicht, dass es möglich ist, die Sache zu verallgemeinern, wenn man eine Vielzahl von Bereichen, Eigenheiten, Aktionen in Betracht zieht. Es wäre ein rein menschlicher Gedanke, ein abstraktes Konzept, das sich von dem eines jeden anderen Lebewesens unterscheidet. Im Übrigen klassifizieren auch wir Menschen die Dinge nicht in derselben Weise. Oft reden wird davon, die Natur zu respektieren, die anderen Tiere; doch auch der Begriff Respekt selbst ist eine Vorstellung von uns. Das Zusammenleben in einer Ökologie ist voller Kämpfe, zwischen Pflanzen, zwischen Tieren, zwischen Tieren und Pflanzen, interspezifischen und intraspezifischen Wettkämpfen. In der Natur herrscht nicht eitel Sonnenschein, sie stellt sich wahrscheinlich keine Fragen und ihr vordringliches Interesse ist das Überleben der Art. In Wirklichkeit gibt es auch kein Gleichgewicht, denn wenn Gleichgewicht herrschen würde, gäbe es keine Evolution. Jede Art ernährt und entwickelt sich, um sich müheloser zu ernähren und entwickelt sich folglich, um nicht zur Nahrung zu werden. Kein Gleichgewicht, sondern ein ständiger Kampf um Anpassungen und Gegenzüge. Zusätzlich zu alledem beeinflussen noch viele abiotische Faktoren die Evolution der biotischen Komponente und die Beziehungen zwischen den verschiedenen Organismen und der Umwelt. Dieses interessante, stetige, langsame und leichte Ungleichgewicht ist das Schwungrad der Evolution. Was diesen empfindlichen Mechanismus außer Kraft setzt, ist die durch den menschlichen Intellekt bedingte Geschwindigkeit der Evolution.

Die Evolution an sich ist eine Verpflichtung und ein beachtliches Resultat für die Fortpflanzung. Sie hat Tiere zu schöneren, stärkeren, gesünderen, fähigeren Wesen gemacht. Den Unterschied macht eben der Intellekt, der die eher physischen Evolutionsmängel wettmachen kann. Wir können ohne Flügel fliegen, wir können am Nordpol ohne Fell und Gefieder überleben, wir können uns schneller bewegen, uns kurieren und vieles andere mehr. Die übrigen Lebewesen schaffen es nicht, sich in diesem Sinn mit der gleichen Geschwindigkeit zu entwickeln wie wir. Physisch kämpfen wir im Evolutionsverlauf wahrscheinlich mit gleichen Waffen, verstandesmäßig (ehrlich gesagt, wenn ich mich umsehe, finde ich dieses Wort nicht passend) dagegen besteht ein Abgrund. Wozu wir heute imstande sind, das war vor 10.000 Jahren undenkbar, genauso wie vor 50. Der Intellekt hat eine Technologie und ein Wissen mit sich gebracht, die ohnegleichen sind. Wir haben fast keine Konkurrenten, außer winzigen Organismen, Viren, Bakterien usw., die mehr oder weniger bekannt sind, gegen die unsere physische (genetische) Evolution nicht immer angemessen reagiert hat und mit denen unser Intellekt nicht immer Schritt halten kann. Tatsache ist, dass gerade unser Wissen dazu eingesetzt werden sollte, die Ökosysteme so wenig wie möglich zu beeinflussen. Es ist absurd, dass ein so großer Vorteil nicht intelligent genutzt, sondern unbewusst oder bewusst in nachteiliger Weise verwendet wird, kurz-, aber vor allem langfristig.

Empfehlungen:
Richard Dawkins, *Die Schöpfungslüge: Warum Darwin recht hat.*
Stephen Jay Gould, *Der Daumen des Panda.*

IV
Sind Angst und Aggressivität verschiedene Dinge?

Manchmal habe ich unerwartet aus nächster Nähe einigen Wildtieren gegenübergestanden, ein nicht alltägliches Ereignis angesichts ihrer hervorragenden Fähigkeit, uns von Weitem wahrzunehmen. Ob es nun Schlangen, Gliederfüßer oder Fleischfresser waren, mein erster Eindruck war der eines wechselseitigen Erstaunens. Das konnte man ihren verschiedenen Reaktionen je nach Art entnehmen. Ich dachte als Erstes an die vermutlichen, unterschiedlichen Gefühle. Wenn ich, erstaunt darüber, sie so nahe vor mir zu haben, überlegte, wie ich mich verhalten sollte, um sie nicht zu erschrecken, um zu vermeiden, dass sie sich bedroht fühlten und möglicherweise aus Gründen der Verteidigung gefährlich wurden, sahen sie in mir wahrscheinlich ein Raubtier oder jedenfalls eine Gefahr. Dieser Unterschied ist ein wesentlicher Punkt.

Kann man die Aggressivität so nennen, wenn es sich in Wirklichkeit um einen Verteidigungsversuch handelt? Ist Aggressivität, unvoreingenommen betrachtet, etwas anderes? Meiner Ansicht nach ja. Wir müssen differenzieren und dürfen eine Reaktion, die durch die Angst, zur Beute zu werden, ausgelöst wird, nicht mit der verwechseln, die dem Unwissen entspringt. Würde ich eine Schaufel nehmen und eine Schlange erschlagen, die womöglich gar nicht giftig ist und ein ruhiges Dasein führt, wäre ich ein Ignorant.

Würde mich eine Schlange beißen, weil ich auf sie tre-
te oder ihr zu nahe komme, wäre das eine Verteidigungsreaktion. Es ist seltsam, dass wir diese Unterschiede nicht sehen wollen, wo wir uns doch selbst in
unserer Gesetzgebung bei Tötung zur Verteidigung auf
Notwehr berufen.
Über die tierische Aggressivität hat Konrad Lorenz ein
interessantes Buch geschrieben: Das sogenannte Böse.
Als Verhaltensforscher ist er überzeugt, dass sie ein in-
stinktiver zyklischer Ausbruch ist.
Diese Vorstellung wäre auch nicht weit entfernt von
der freudschen Vorstellung im Hinblick auf die menschliche Aggressivität.
Immer laut Lorenz hat dieses aggressive Verhalten die
Rettung des Individuums und der Art selbst zum Ziel.

Im Allgemeinen unterscheiden die Verhaltensforscher
zwischen zwei verschiedenen Aggressivitäten, einer
intraspezifischen und einer interspezifischen (gegen
das Beutetier gerichtet). Immer laut Lorenz ist die ei-
gentliche Aggressivität die intraspezifische, jene zwischen Tieren derselben Art, deren Ergebnis und Zweck
die Erhaltung der Art ist.

Die interspezifische Aggressivität unterteilt er dagegen
in drei Typen:

- die des Beutegreifers;
- die des Beuttiers, das reagiert;
- die eines sehr viel kleineren oder schwächeren Beu-
tiers, das angreift, weil es keinen Ausweg sieht.

Die Begründungen der beiden Aggressivitäten sind

ziemlich verschieden, die interspezifische (z. B. der Beutefang) dient dem eigenen Überleben, die intraspezifische dem Erhalt der Art. Letztere Aggressivität (eine territoriale) ist nützlich, weil sie die Art im Territorium verteilt und die Übervölkerung mit ihren negativen Auswirkungen verhindert. Man kann sagen, dass der Großteil der Aggressivität eines Tieres für die Verteidigung des Territoriums eingesetzt wird; eines Territoriums, das für die Fortpflanzung und die wesentlichen biologischen Aktivitäten und somit für den Schutz und Erhalt der Art geeignet ist. Trotz der Aggressivität herrscht ein Gleichgewicht, das laut Lorenz (und da bin ich seiner Meinung) durch den Menschen gestört wird. Weiter behauptet Lorenz, dass nicht der Beutegreifer die Bedrohung für eine Art ist, sondern der Konkurrent. Ich würde hinzufügen, dass der Mensch beides kann und nur strenge Gesetze und Einschränkungen imstande sind, es zu verhindern. Mit Sicherheit ist die menschliche Spezies die einzige, die einen interspezifischen Konkurrenten bis hin zur Ausrottung bedroht.

Es gibt auch eine andere Aggressivität, die wir bei den sozial lebenden Arten sehen und die Lorenz hierarchisches Prinzip nennt.

Die Frage, die wir uns allerdings stellen müssen, ist: Warum sehen uns alle anderen in jedem Fall als Gefahr? Wie viel von dieser Sichtweise ist dem Unterschied der Arten geschuldet und durch die Lebensmittelkette motiviert und wie viel durch bedenkenlose Verfolgung und Interesse?

Welches sind die Elemente, die Furcht und Respekt in der Natur auslösen? Größe / kräftiger Körperbau / Kraft / Alter (auch innerhalb derselben Art), Art (Beutegreifer oder Konkurrent), zur Verfügung stehende Waffen (Eckzähne, Krallen, Schnabel usw.), Gift, abstoßende Gerüche, Toxizität, Anzahl der Widersacher, Gedächtnis der Art (Genom) und des einzelnen Individuums und andere. Mich interessiert das Gedächtnis des einzelnen Individuums, vielleicht weil es, wie man weiß, bei uns menschlichen Wesen mitunter zu wünschen übrig lässt und oft verwirrt, überspannt, flüchtig, beeinflussbar, verzerrt, blockiert ist und zu irrigen Zuschreibungen tendiert.

Ich glaube, dass auch hier zwischen uns und den anderen Tieren ein riesengroßer Unterschied besteht: Wenn bei ihnen das Gedächtnis das der Art und des einzelnen Individuums ist (dieser Schwan, der von Buben mit Steinen beworfen wird), kommen in unserem Fall Geschichten, Märchen, Legenden und viele Lügen dazu (das Geschenk der Sprache). Diese bringen falsche Gedächtnisse hervor, die so verbreitet sind, dass sie nicht mehr Gedächtnisse des Einzelnen sind, sondern praktisch der Art, nicht vom Genom herrührend, sondern von irrigen und absurden Überzeugungen. Es ist schwierig, diese Ängste zu unterteilen in die, welche auf früheren Fantasien/Unkenntnissen beruhen und die, welche vom echten Atavismus verursacht werden. Ich sehe, dass man die eigenen Ängste und Handlungen, die ein direktes Erbe unserer Vorfahren sind (Erzählungen), mit dem echten biologischen Atavismus rechtfertigt. Ein Alibi.

Empfehlung:
Konrad Lorenz, *Das sogenannte Böse.*

V

Die tierischen Verhaltensweisen zu beobachten ist spannend, aber völlig nutzlos, wenn wir uns nicht Fragen stellenüber das Warum dieser Handlungen.

Mich fesselt der Blick einiger Tiere, ich weiß nicht, warum, vielleicht ist es die Gewohnheit, die menschlichen Blicke zu beobachten und zu studieren, die oft viel verraten. Das funktioniert aber nur mit wenigen, die meisten Arten haben Augen, die sich so sehr von den unseren unterscheiden, dass ich erst gar nicht auf den Gedanken komme, in ihnen lesen zu wollen. Auch die Mimik hängt von der Art ab: Beim Wolf ist sie stark, wie bei vielen Säugetieren, bei anderen fehlt sie praktisch. In diesen Fällen muss man auf andere Besonderheiten achten. Es ist interessant, die Körperreaktionen der Tiere zu beobachten und zu studieren, wir sind in erster Linie an den Klang der Stimme gewöhnt, an die gesprochenen (mehr oder weniger aufrichtigen) Worte, an die Schweißabsonderung und an für uns typische Bewegungen. Mit ihnen ändert sich vieles, kleinste Regungen, auch von Gliedern, die die folgenden Aktionen ankündigen. Selbst der Wechsel der Farbe, des Geruchs, der Gestalt geben uns viele Informationen. Oft sind es Details, die so klein und flüchtig sind, dass wir sie nicht einmal wahrnehmen. Auch in diesem Fall haben wir einen Vorteil, nämlich die Möglichkeit, sie zu studieren. Mit unserer Beobachtung oder mit der von anderen, die sie für uns beobachtet haben, können wir ihre Verhaltensweisen interpretieren. Wenn ich eine Tierart beobachte, die ich kenne, konzentriere ich mich auf ihre Bewegungen, um ihre „Gemütslage" zu interpretieren und ihren möglichen Zügen zuvorzukommen. Ich frage mich, was sie beobachtet, worauf sie achtet, welcher Zug von mir sie nervös machen, verängstigen oder in Sicherheit wiegen kann; welche Bewegungen, Reaktionen, Geräusche und menschlichen Gerüche diese oder jene Reaktion auslösen werden. Vor allem aber, woher kommen diese Informationen? Was treibt zur Flucht oder zum Angriff als Verteidigungsreaktion? Man kommt nicht umhin, an Niko Tinbergen und seine berühmten vier Fragen zu denken:

1 - Die Frage nach dem Grund für ein Verhalten, die Funktion. Wie das Überleben und der Fortpflanzungserfolg verbessert werden. (Funktion)

2 - Die Frage zu Evolution, Phylogenese des Verhaltens. Wie es sich entwickelt hat. (Evolution)

3 – Die Frage nach der Ursache für ein Verhalten, welche äußeren und inneren Faktoren eine Handlung in einem bestimmten Moment auslösen. (Verursachung)

4 – Die Frage zur Entwicklung (Ontogenese) eines Verhaltens. Wie es sich während des Wachstums und der Entwicklung verändert und welche inneren und äußeren Faktoren den Prozess und das Ergebnis beeinflussen. (Entwicklung)

Diese vier Fragen werden in zwei Gruppen unterteilt:

1 - Unmittelbare Ursachen
Mechanismen (Verursachungen)
Ontogenese (Entwicklung)

2 - Endursachen
Anpassung (Funktion)
Phylogenese (Evolution)

Alle diese Fragen betreffen sehr unterschiedliche Gebiete der Biologie: Physiologie, Phylogenese, Neurobiologie, Ökologie und viele andere. Ein Verhaltensforscher muss sich in vielen Wissenschaften auskennen, Daten vieler Fachgebiete erforschen und verstehen. Das ist bei mir nicht der Fall, ich habe nicht die Fähigkeiten dazu, ich beobachte aber gern und mache mir Notizen, stelle mir Fragen und gebe mir Antworten, wenn es möglich ist, und vergleiche sie mit den offiziellen Antworten der wissenschaftlichen Forschung. Auf viele Fragen habe ich noch keine Antwort und gerade das regt meine Nachforschungen an.

Es ist faszinierend, Wesen zu beobachten, die so ganz anders sind als wir, anders im Aussehen, vor allem aber in den Gewohnheiten, im Instinkt, in den Verhaltensweisen und in der Entwicklung. Wie interessant ist doch zum Beispiel die Metamorphose. Auch die einer einfachen Erdkröte (Bufo bufo): Wenn sie noch eine Kaulquappe ist, lebt sie im Wasser, ist Pflanzenfresserin (einige andere Arten sind es nicht) und atmet dank Kiemen; im Erwachsenenstadium hingegen verbringt sie die meiste Zeit ihres Lebens auf oder im Erdboden, ernährt sich von Wirbellosen, Insekten, anderen Gliederfüßern, Weichtieren und sogar kleinen Wirbeltieren und verfügt über rudimentäre Lungen. Oder eine pflanzenfressende Raupe, die später fliegt und sich von Nektar ernährt? Wunderdinge, die Fragen auslösen müssen!

Empfehlungen:
Aubrey Manning und Marian Stamp Dawkins, *Die Entdeckung des tierischen Bewußtseins.*
Konrad Lorenz, *Er redete mit dem Vieh, den Vögeln und den Fischen.*
Carl Safina, *Die Intelligenz der Tiere.*
Bernd Heinrich, *Die Weisheit der Raben.*
Peter Godfrey Smith, *Der Krake, das Meer und die tiefen Ursprünge des Bewusstseins.*

VI
Die Pflanzen sind Fans der Löwen

Die Ökologie untersucht die Wechselbeziehungen zwischen den Lebewesen und ihrer physischen Umwelt. Es geht nicht einfach um den Schutz einer Umwelt oder eines Tieres, sondern darum, die Beziehungen zwischen Lebewesen und Umwelt zu untersuchen und zu verstehen.

Ich habe die Ökologie immer als Matroschka gesehen, als eine Vielzahl von Ökosystemen, die in andere, größere Ökosysteme eingebunden sind. Der Unterschied ist der, dass Systeme nicht undurchlässig sind, sondern sich verwischen, und viele Lebewesen können je nach Jahreszeit, Gewohnheiten, Zeitplänen, Temperatur usw. von einem Ökosystem in ein anderes wandern und dort leben. Wir sind von Ökosystemen umgeben: der Wald, das Meer, eine Wiese, ein Park, eine Pfütze, ein Beet und andere, kleine und riesige.

Die Ökosysteme sind zusammengesetzt aus der Biozönose (Lebewesen, die untereinander und mit der Umwelt in Wechselbeziehung stehen, und aus den abiotischen Elementen (unbelebte Komponenten, Wasser, Erde, Temperatur, Licht usw.). Jeder wird bemerkt haben, dass die abiotischen Faktoren die Präsenz, das Verhalten und das Leben aller Lebewesen beeinflussen. Ein Fisch und ein Kaktus brauchen unterschiedliche Mengen Wasser. Jedes Gewächs hat einen anderen Be-

darf an Licht, Sonne und Nahrung. Viele Tiere benötigen unterschiedliche Temperaturen, sowohl als Art als auch während des physiologischen Zyklus. Die veränderlichen biotischen und abiotischen Faktoren schaffen von Mal zu Mal ein anderes Ökosystem.
Eine Frage, die ich mir als Kind stellte, war: „...ist der Löwe für das Gras denn ein Gott?"

Die lebenden Organismen kann man unterteilen in:

- Erzeuger
- Verbraucher
- Zersetzer

Die ERZEUGER, autotrophe Organismen, sind in der Lage (dank der Chlorophyll-Fotosynthese), organische Substanzen herzustellen, ausgehend von anorganischen Substanzen. Pflanzen, Algen, fotosynthetische Bakterien (Cyanobakterien). Sie sind unentbehrlich für die Ökosysteme und nur sie können die Sonnenenergie in chemische Energie umwandeln, die von allen anderen Organismen genutzt werden kann.

Die VERBRAUCHER (Tiere und Pilze) sind heterotrophe Organismen und sind nicht in der Lage, organische Substanzen herzustellen, sie sind von anderen Lebewesen abhängig und werden in drei Gruppen unterteilt:

- Primärkonsumenten
- Sekundärkonsumenten
- Tertiärkonsumenten

Die Primärkonsumenten sind pflanzenfressende Tiere

(nicht nur Säugetiere) und ernähren sich von den ER-
ZEUGERN.

Die Sekundärkonsumenten sind Fleischfresser, Allesfresser, Greifvögel oder insektenfressende Vögel,
Reptilien, Fische, Spinnentiere usw., die sich von Primärkonsumenten ernähren.
Die Tertiärkonsumenten sind große Fleischfresser und ernähren sich von Sekundär- und Primärkonsumenten. Sie
stehen normalerweise an der Spitze der Nahrungskette.

Die ZERSETZER sind heterotrophe Organismen, die
sich von organischer Substanz ernähren, die von toten
Lebewesen, von deren Abfällen (Fäkalien, Urin) oder
von Teilen von ihnen (Blätter, Früchte usw.) stammt.
Sie bauen die organische Substanz ab, wandeln sie in
anorganische Substanz um und machen sie so erneut
für die ERZEUGER verfügbar.

Außer den Pilzen zählen zu den Zersetzern Bakterien
(nicht fotosynthetische) und verschiedene Wirbellose
(Regenwürmer und einige Larvenarten).

Diese Nahrungsbeziehungen werde trophische Ebenen
oder Beziehungen genannt und alle zusammen bringen
den Nahrungskreislauf (Abfluss/Zufuhr) hervor, der
das Leben ermöglicht

Die erste Ebene ist jene der Erzeuger (autotroph), die
dank CO2, Wasser, Mineralien und Sonnenlicht imstande sind, organische Substanz zu gewinnen. (Kohlenhydrate mittels Fotosynthese).

Die zweite Ebene besteht aus den Verbrauchern (Pflanzenfresser).

Die dritte Ebene besteht aus den Sekundärkonsumenten.

Die vierte Ebene besteht aus den Tertiärkonsumenten.

Die fünfte Ebene ist transversal, es ist jene der Zersetzer.

Das alles ist Teil der NAHRUNGSKETTE, die sich ihrerseits in zwei Teile unterteilt:

- Weidekette
- Detrituskette

Die Weidekette können wir kurz so zusammenfassen: Gras - Gazelle - Löwe.
Die Detrituskette so: Humus - Regenwurm - Waldschnepfe.

Diese Nahrungsketten können sehr zahlreich sein, mit verschiedenen Akteuren und miteinander verbunden, und sie bilden die NAHRUNGSNETZE. Wie man sich vorstellen kann, gehören sehr viele Arten zu verschiedenen Nahrungsketten.

Nun, da ihr wahrscheinlich eine etwas andere und genauere Vorstellung vom Begriff ÖKOLOGIE habt, hoffe ich, dass ihr allmählich auch einige Ansichten und Überzeugungen ändern werdet; vielleicht werdet ihr meine Denkweise in den Erzählungen im zweiten

Teil des Buches besser verstehen. Die Ökosysteme, die uns umgeben, sind nämlich als natürlich oder künstlich eingestuft und den Unterschied machen die Tätigkeit und das Eingreifen des Menschen.

Die Unterschiede lassen sich leicht erahnen, vor allem aber sind sie unschwer zu erkennen. In einem künstliches Ökosystem sind weniger Arten vorhanden, es ist nicht autark, der Mensch muss eingreifen und organische oder anorganische Substanzen zuführen, die er womöglich natürlichen Ökosystemen entzieht. Ohne den Eingriff des Menschen sind diese Ökosysteme instabil und werden, wenn man sie „brach liegen" lässt, langsam wieder zu einem natürlichen Ökosystem. Die natürlichen Ökosysteme dagegen sind dank eines ständigen wechselseitigen Austausches von Materie und folglich von Energie im Gleichgewicht und bleiben dank des Gleichgewichts der verschiedenen Populationen, aus denen sie bestehen, stabil. Einige Beispiele künstlicher Ökosysteme sind die landwirtschaftlichen (Agrarökosysteme) oder die für die Viehzucht bestimmten Weiden; sie haben sehr wenige Arten, sowohl pflanzliche als auch tierische. Um den Kreis zu schließen, sehen wir uns kurz an, was man unter den Bezeichnungen Habitat und Ökologische Nischen versteht, die groß in Mode sind.

Das Habitat ist die Gesamtheit der umweltbezogenen, chemischen (Nährstoffe, Säuregrad, pH) und physischen (Temperatur, Licht) Gegebenheiten dort, wo ein Organismus wächst und lebt (der Ort). Jedes Habitat hat eine Anzahl verschiedener Arten von Lebewesen (die biologische Gemeinschaft). In jedem Habitat besetzen die verschiedenen Arten eine spezielle ÖKOLOGISCHE NI-

SCHE, die der ökologischen Rolle entspricht, die jeder lebende Organismus in jenem bestimmten Habitat hat (die Rolle). Es ist der Raum, in dem er mit den anderen Arten und der physischen Umgebung interagiert. Wenn ich das alles beobachte und mir bewusst wird, wie sehr alles mit allem verbunden ist, wie alles seine eigene Rolle hat, fällt es mir schwer, Vorlieben oder Sympathien zu empfinden. Diese Welt, so wie sie ist, fasziniert mich und ich weiß, dass sie sich nur dann wenig ändert, wenn man wenig eingreift. Ich weiß auch, dass sie immer und auf jeden Fall versuchen wird, zu einem natürlichen Ökosystem zurückzukehren; einem möglicherweise anderen, aber auf jeden Fall natürlichen. Selbstverständlich kann der Mensch nicht weiterhin existieren, ohne einzugreifen, natürlich ist die menschliche Tätigkeit gegenwärtig, sie muss aber versuchen, Auswirkungen, die über das zumutbare Maß hinausgehen, zu vermeiden. Ich finde nicht, sehe nicht und beurteile nicht das Gute und das Böse in der Natur, und ich teile sie sicher nicht in Reiche und Ordnungen auf. Wie wir gesehen haben, haben alle, Erzeuger, Verbraucher (alle Gruppen) und Zersetzer eine besondere und wesentliche Rolle; gerade deshalb kann ich keine und sollte man keine Sympathien, Vorurteile oder absurde Moralvorstellungen bezüglich der Ernährung haben. Pflanzenfresser, Fleischfresser, Allesfresser, Körnerfresser, Insektenfresser, Fruchtfresser, jeder spielt eine wesentliche Rolle.

Empfehlungen:
Thomas M. Smith und Robert Leo Smith, *Ökologie*.
John R. Krebs und Nicholas B. Davies, *Einführung in die Verhaltensökologie*.
E. P. Odum, *Grundlagen der Ökologie*.

VII
Jede Art hat ihr ideales Habitat
und sucht sich ihre ökologische Nische. Wir?

Da ergeben sich weitere Fragen. Ich kann sicherlich die vier Warum von Tinbergen verwenden (hier vereinfachen wir sie zu: Warum ist sie entstanden? Wie hat sie sich ausgebildet? Was ist ihre Funktion? Wie hat sie sich entwickelt?) oder etwa die vier Ursachen des Aristoteles ins Spiel bringen, doch… Wir sind anders, nicht wahr? Welches wäre unser ideales Habitat? Ich meine das wirkliche. Nicht das, zu dem uns unser Intellekt befähigt. Wir bräuchten ein günstiges Klima, das Vorhandensein leicht jagdbarer Tiere, von Pflanzen, die man das ganze Jahr anbauen kann, von Wasser. Es ist kein Zufall, dass sich der Mensch in bestimmten Gegenden der Welt mit günstigem Habitat entwickelt hat. Die Ausbildung und Entwicklung unseres Intellekts hat es uns in der Folge ermöglicht, uns an unterschiedliche Habitate anzupassen, auch in sehr fernen Zeiten. Denken wir an die Eskimos, die vor ungefähr 4–5000 Jahren nach Alaska gezogen sind. Ich lebe an keinem extremen Ort, doch ohne Kleidung, beheizter Wohnung, Lebensmittelgeschäften könnte ich nicht überleben.

Wir können uns, dank unserer Erfindungen, an ungeeignete Habitate anpassen. Wie wir gesehen haben, hat jeder andere lebende Organismus ein für ihn geeignetes Habitat, einen chemischen/physischen Platz, wo er aufwächst und seine Lebensfunktionen ausübt. Vielleicht ist es gerade unsere Überzeugung oder Unverfrorenheit, die uns die Wichtigkeit eines Habitats ignorieren lässt. Das beweist die Tatsache, dass es uns sogar egal ist, wenn wir den Planeten aufs Spiel setzen; und erst gar nicht merken wir, dass wir Habitate verlieren, die günstiger sind als andere, wenn wir sie auf jeden Fall so gestalten können, dass sie für unsere Bedürfnisse geeignet sind (auch wenn wir sie damit für andere Lebewesen verschandeln).

Das alles führt dazu, dass wir uns überall in UNSEREM Habitat fühlen, jeder Ort ist für UNS eine ökologische Nische, und unsere ROLLE ist die, Herrscher über alles zu sein.

Wenn wir die anderen Tiere und insbesondere einige einzelne Arten betrachten, haben sie gewöhnlich sehr viel eingeschränktere Habitate als unsere, die mitunter winzig sind. Dass wir so viele Konkurrenten haben, kommt auch daher, und je mehr Gebiete es geben wird, an die wir uns anpassen werden, desto mehr Arten wird es geben, mit denen wir uns werden auseinandersetzen müssen. Je mehr Interessen wir in diesen Gebieten haben, desto mehr Arten werden mit uns interferieren. Man braucht nur an ein einfaches Beispiel zu denken. Wenn wir einen Grund rings um das Haus brach liegen lassen, werden wir sehr wahrscheinlich nicht die geringste Ahnung haben von den Arten, die dort leben, und werden nicht einmal wahrnehmen, dass sie da sind. Würden wir ihn jedoch in einen englischen Rasen verwandeln, könnten wir einen Konflikt mit einem Maulwurf oder Wildschwein auslösen, die uns den Rasen ruinieren. Würden wir in der Wiese

Kirschbäume pflanzen, würden wir feststellen, dass Amseln, Drosseln und Stare die Früchte stibitzen und einige Gliederfüßer die Pflanze angreifen. Der Grund gehörte uns vorher und gehört uns auch jetzt, doch die Rolle (die Ökologische Nische) dieser Tiere wird erst jetzt erkennbar, weil sie mit unserem Interesse interferiert. Diese Tiere waren, wie gesagt, auch vorher da, konnten hier leben oder einfach auf Durchzug sein, nur dass sie jetzt eine Auswirkung auf uns haben. Also ändert sich unsere Aggressivität ihnen gegenüber je nach unseren Tätigkeiten und der Dimension, die wir unserem Habitat geben. Leider haben wir, wie gesehen, eine äußerst seltsame Vorstellung von UNSEREM Habitat, auch weil wir uns nicht damit begnügen, unsere Gegenspieler zu vertreiben, sondern sie bis ans Ende der Welt verfolgen. Das ist der Unterschied zwischen tierischer Aggressivität und unserer Abneigung.

Amen.

<h1 style="text-align:center">VIII
Beutegreifer</h1>

Die ersten Szenen, die den meisten in den Sinn kommen, wenn von Beutefang die Rede ist, sind die von einem Löwen oder Wolf, die eine Gazelle oder ein Reh reißen. In Wirklichkeit gibt es verschiedene Formen von Beutefang, die nichts anderes sind als der Verzehr eines lebenden Organismus, zur Gänze oder teilweise, seitens eines anderen. Diese Formen unterteilen sich in: Arten, die den Tod der anderen Art herbeiführen und jene, die nur einen Teil von diesen verzehren. Da denkt man natürlich an die Fleischfresser und vergisst auf die Allesfresser, Insektenfresser und Pflanzenfresser, die grasen und entlauben, aber trotz des Schadens, den sie der Pflanze zufügen, diese nur selten zum Absterben bringen. Wenn die holzigen Pflanzen stark entlaubt werden, werden sie geschwächt (der Verbrauch der Energieressourcen führt zu neuem Wachstum) und sind anfälliger für verschiedene Krankheiten und Insekten.

Bei den Pflanzenfressern bilden die Samenräuber (Vögel, Nager usw.) und die Phytoplanktonfresser eine Ausnahme. In diesen Fällen wird die Art vollständig konsumiert. Dann gibt es noch die Parasiten, die, wie die meisten Pflanzenfresser, sich von einem Teil ihrer Beute ernähren.

Der Parasitismus vollzieht sich an der noch lebenden

Beute und führt trotz der Schädlichkeit nur selten in kurzer Zeit zum Tod. Viele von ihnen leben einen Zyklus ihres Daseins lang auf oder in ihrem Gast. Außer den Parasiten gibt es noch die Parasitoiden, das sind Insekten, die ihre Eier in einem Gast ablegen, der in der Folge von den Larven aufgefressen wird.

Die Interaktionen zwischen Beutetier und Beutegreifer (Mortalität und Natalität) regeln die Zyklen beider Populationen. Die Population der Beutetiere wird durch die Prädationen geregelt, aber auch die Population der Beutegreifer wird durch den Verbrauch von Beutetieren geregelt. Wir dürfen nicht vergessen, dass ein Großteil der Beutegreifer seinerseits Beute ist und dass es zwischen Beutegreifer und Beutetier eine Koevolution gibt.

Sowohl Tiere als auch Pflanzen versuchen sich vor den Beutegreifern zu schützen. Die Tiere können die (defensive) Mimese einsetzen, Warnfarben, giftige oder ekelerregende Absonderungen, Schutzhüllen, Abwehrhaltungen oder Ablenkungsmanöver und vieles mehr. Die Pflanzen verteidigen sich auf andere Weise, sie können giftige Substanzen haben, Dornen oder Stacheln, können ungenießbar oder unverdaulich sein. Gleichwohl befinden sich auch die Beutegreifer in einer ständigen Evolution, von der Mimese (in diesem Fall eine aggressive) bis zu den verschiedenen Jagdtechniken: Aufspüren, Angriff und Hinterhalt. Auch diesbezüglich bin ich sicher, dass ihr an die großen Beutegreifer denkt, beachtet aber die Spinnen, die entsprechend den verschiedenen Familien, denen sie angehören, verschiedene Prädationstechniken einsetzen.

Einige machen sich auf die Suche nach den Beuten und jagen sie, andere tarnen sich und legen sich auf die Lauer, andere wiederum warten, bis die Beute in ihrem Netz landet.

Damit dürfte klar sein, dass diese Interaktionen zwischen Pflanzen-Pflanzenfressern-Fleischfressern Teil eines einzigen Zyklus sind. Die Beziehungen zwischen Pflanzen und Pflanzenfressern sowie zwischen Pflanzenfressern und Fleischfressern gehen in der Tat Hand in Hand; kommen wir also zu den drei trophischen Ebenen (Rollen) zurück. Wenn eine der drei Ebenen schwächer vertreten ist, leidet der ganze Zyklus darunter: fehlt das Gras, nehmen die Pflanzenfresser und die Beutegreifer ab; nehmen aber die Pflanzenfresser ab, nimmt das Gras zu, das führt zu einer erneuten Vermehrung der Pflanzenfresser und folglich der Beutegreifer. Wenn die Beutegreifer die Pflanzenfresser zu sehr dezimieren, wird viel Gras wachsen, das Fehlen der Pflanzenfresser führt aber automatisch auch zu einem Rückgang der Beutegreifer. In der Zwischenzeit werden sich dank des reichlichen Grases und des Mangels an Beutegreifern die Pflanzenfresser wieder vermehren, auf diese Weise wird der Bestand der Beutegreifer wieder ein ausgeglichenes Niveau erreichen. Diese Zyklen mit Höhen und Tiefen bei der Anzahl der verschiedenen Arten sind unschwer zu erkennen; es hat immer Jahre gegeben, auch mit kurzen Zyklen, in denen sowohl Nager als auch Insekten oder andere Gliederfüßer zahlreich oder kaum vorhanden waren. Das Problem entsteht, wenn diese Gleichgewichte durch externe Faktoren verändert werden, zum Beispiel durch den Menschen.

Wie im Kapitel über die Aggressivität gesagt, der Faktor, der eine Art bedroht, ist nicht der Beutegreifer, sondern der Konkurrent, und gerade deshalb dürfen wir nicht vergessen, dass die Evolution zwei Geschwindigkeiten hat (andere Tiere und Mensch). Die Gleichgewichte werden nämlich dank des Erfindergeistes empfindlich verändert; und das gilt in diesem Fall sowohl für die Konkurrenz als auch für den Beutefang. Wenn wir an eine sehr nahe Vergangenheit denken, haben viele Gesetze (Gesetze über die Entnahme einer Höchstzahl von Exemplaren, aufgegliedert nach Geschlecht und Alter, mit Schonzeiten usw.) interessante und segensreiche Arten gerettet und dagegen solche, die als Konkurrenten galten und noch gelten (Greifvögel, große Fleischfresser, Allesfresser und andere unbequeme Fleischfresser) ausgerottet

IX
Woher kommt dieses Verhalten, das uns neugierig macht und fasziniert?

Als Erstes frage ich mich, ob es ein Werk des Instinkts oder des Lernens ist. Ich glaube, es ist nicht immer einfach, die beiden Dinge zu unterscheiden. Selbstverständlich gibt es Handlungen, die sich leicht einordnen lassen; die Natur ist voll von Tieren, die zur Welt kommen, ohne zum Beispiel Eltern oder Anführer unter ihren Artgenossen zu haben; daher sind ihre Verhaltensweisen zumindest anfänglich instinktiv. Denken wir an eine Meeresschildkröte, die ihr Ei aufbricht, sich aus dem Sand gräbt und um ihr Leben zu retten als Erstes versucht, das Meer zu erreichen. Die Schildkröte im Ei weiß bereits, wie sie die Schale mit dem Schnabel aufbrechen kann, sie weiß, dass und in welche Richtung sie dann graben muss.

Denken wir sodann an die Spinnen, die ohne einen Lehrmeister imstande sind, Spinnennetze zu bauen, richtige Ingenieurswerke, ohne Jahre an der Universität. Wir können aber auch an höher entwickelte Tiere oder an die Menschen denken. Ein Tierjunges oder ein gerade geborenes Kind weiß instinktiv, was es mit einer Zitze bzw. Brustwarze anfangen soll. Die Tiere sind im Allgemeinen ein Mix zwischen instinktiven Verhaltensweisen (genetische Informationen) und anderen, die reines Erlernen sind. Um alles zu komplizieren, gibt es jedoch eine weitere Kategorie von Verhaltensweisen.

Die Vögel zum Beispiel können instinktiv fliegen, ohne je vorher einen anderen Vogel gesehen zu haben, ihr Gesang aber unterscheidet sich dagegen leicht von dem, der für ihre Art typisch ist. Das zeigt, dass ihr Gesang nur zum Teil instinktiv ist und jedenfalls erlernt werden muss. Wollen wir die Sache noch ein bisschen komplizierter machen? Ein besonderes Verhalten kann instinktiv oder erlernt sein, je nach Art. Eine Schlange weiß, wie sie sich Nahrung besorgen kann, sie hat keine Beispiele; andere Tiere dagegen eignen sich Jagdtechniken von den Eltern an. Die Natur ist voll von interessanten Warums, die man entdecken und studieren kann. Warum kommen zum Beispiel einige Vögel beim Ausschlüpfen mit geschlossenen Augen zur Welt, ohne Gefieder, und müssen gefüttert werden (z. B. Amseln), während andere bereits sehen, gehen und sich ernähren können (z. B. Fasane, Enten)? Betrachten wir aber, ohne uns allzu weit zu entfernen, unsere Klasse: die Säugetiere.

Ein Bär bleibt ungefähr anderthalb Jahre bei seiner Mutter, die Wolfsjungen können ein ganzes Leben lang im Rudel bleiben oder sich nach einem Jahr oder mehr entscheiden, ihren eigenen Weg zu gehen. Andere Kleinsäugetiere bleiben für Wochen bei der Mutter, andere Säugetiere einige Monate. Es gibt Säugetiere mit matriarchalischen Clans, wie die Elefanten und die Fleckenhyänen, wo die Weibchen fast ihr ganzes Leben lang in der Gruppe/im Clan bleiben und die Männchen dagegen, nachdem sie ein gewisses Alter erreicht haben, sich anderen Männchen anschließen und die Gruppe verlassen.

Es gibt Säugetiere, die nur mit den Müttern Beziehungen haben, andere mit beiden Elternteilen, andere mit einer erweiterten Familie. Es gibt auch ein Säugetier, die Klappmütze, die ihr Junges nach nur vier Tagen verlässt! Es ist unglaublich, wie unterschiedlich die Tiere dieser Klasse, der Säugetiere, sein können. Einige von ihnen werden nackt, blind und taub geboren; andere kommen auf die Welt und können schon nach kürzester Zeit aufrecht stehen und laufen, andere werden in einer Bauchtasche geboren und entwickeln sich dort, andere bleiben, wie wir gesehen haben, jahrelang bei den Eltern (oder der Mutter), andere bloß vier Stunden.

Es versteht sich, dass in diesen Fällen das Gedächtnis der Art und des Individuums, Instinkt und Lernen, ein ganz unterschiedliches Gewicht und unterschiedlichen Einfluss haben, doch der Endzweck vereint alle: überleben, wachsen und sich fortpflanzen, um die Art zu erhalten.

Ihr habt oft von Imprinting gehört. Das bezieht sich auf die Form des vorzeitigen Lernens der Neugeborenen, das wir in das kindliche und in das geschlechtliche unterteilen können. Das kindliche ist wahrscheinlich das bekanntere. Es gibt viele Untersuchungen von Lorenz, vor allem über die Vögel, aber nicht nur. Seine Schlüsse sind folgende: Bei vielen Arten wird das erste Lebewesen, das ein Neugeborenes sieht (beim Ausschlüpfen oder wenn es die Augen öffnet) als Elternteil und Artgenosse wahrgenommen. Das wird zu einem Problem, wenn man verwaiste Nesthocker aufziehen will (etwa von gefährdeten Arten), um sie dann wieder in die Natur zu entlassen. Während des ganzen Absetzens dürfen sie den Menschen nicht sehen und häufig benutzt man einen Handschuh, der mit Merkmalen seiner Art versehen ist.

Das gilt auch für die Säugetiere. Mehrere Studien haben die Wichtigkeit des geschlechtlichen Imprintings aufgezeigt. Normalerweise sieht ein Vogel beim Aufwachsen seine Artgenossen, die Geschwister und Eltern; was geschieht aber, wenn man eine andere Art ein Ei ausbrüten lassen würde? In diesem Fall müsste das erwachsen gewordene Junge versuchen, sich mit der Art der Adoptiveltern zu paaren und nicht mit der seinen, doch gerade da verblüfft uns die Natur mit einer weiteren erstaunlichen Erscheinung. Wie schafft es der Kuckuck, ein parasitärer Vogel, der seit jeher die Eier in fremden Nestern ablegt, als Erwachsener den richtigen Partner zu finden?
Der Kuckuck wird nämlich nicht vom geschlechtlichen Imprinting beeinflusst; man glaubt, dass er von einer angeborenen Gestalt beeinflusst wird. Andere Forschungen legen nahe, dass es eine Reihe von phänotypischen Merkmalen oder die stimmliche Wirkung eines Artgenossen sind, die sich wie ein Schalter auf sein Artgedächtnis auswirken. Für den weiblichen Kuckuck ist das grundlegende Imprinting, sich an die Adoptivmutter zu erinnern, die die gastgebende Art seines künftigen Parasitismus sein wird. Er muss sich nicht nur die Art, sondern auch sein Fortpflanzungshabitat imprintieren, um sie wiederfinden zu können. Äußerst interessant sind die Großfußhühner, die die Eier nicht ausbrüten, sondern sich anderer Umweltwärmequellen bedienen (sie decken sie zu und nutzen Sand und Sonne oder faulende Pflanzen und geother-

male Quellen), und das sind wirklich frühreife Tiere. Sie lernen ihre Eltern nie kennen (fehlendes kindliches Imprinting), kommen aber mit gut ausgebildeten Federn und Muskeln zur Welt. Ein Beispiel unter diesen ist der australische Fasan, der bereits nach 24 Stunden fliegen kann. Für die Erkennung der Artgenossen stützt sich der Instinkt anscheinend auf die visuelle Erkennung einiger typischer und unverkennbarer Bewegungen der eigenen Art.

Empfehlung:
K. Lorenz, *Vergleichende Verhaltensforschung. Grundlagen der Ethologie.*

ZWEITER TEIL
Auf Spaziergang im Wald.

X
Wissen, wann man stehen bleiben soll.

Welchen Beitrag leisten die jüngsten wissenschaftlichen Untersuchungen über die großen Fleischfresser? Die neuen Erkenntnisse verringern nur selten die Abneigung, die einige Kategorien von Menschen ihnen gegenüber empfinden. Dies darum, weil nur der, der sich TATSÄCHLICH die Mühe macht, die ökologischen Gleichgewichte und die großen Fleischfresser zu studieren, ausschließt, dass ihre Verhaltensweisen bösartig sind. Selbst die verschiedenen primitiven Völker, die sie fürchten und aufgrund verschiedener religiöser Überzeugungen oft als bösartige Geister ansehen, würden jedenfalls nie in Betracht ziehen, sie auszurotten; die primitiven Völker empfinden ihnen gegenüber keine Abneigung. Wer jedoch eine Abneigung gegenüber den großen Beutegreifern hat, ist, in der Vergangenheit wie heute, der zivilisierte Mensch, der sich für gebildet hält. Menschen, die in Wirklichkeit in einer von ihnen selbst und von ihren Haustieren übervölkerten Welt leben und die den Alleinanspruch über alles fordern. Ich glaube, dass man, um jemand nicht mögen zu können, sicher sein muss, dass er uns bewusst etwas angetan hat; wie können wir sicher sein, dass ein Tier ein Bewusstsein hat? Ich habe die Natur stets mit dem Geist der Bewunderung und der Beobachtung erlebt. Ich habe immer versucht, ihre Geschichte zu studieren. Vor und nach der Anwesenheit des Menschen, vor und nach dem Homo sapiens. Vor und nach der industriellen Revolution, und vor und nach der Epoche, die ich als Epoche der elektronischen Hexenwerke bezeichne. Ich habe die Tötung eines Tieres nie als etwas Unmenschliches gesehen. Ich habe nie gedacht, dass man ein Lebewesen in eine Klasse A oder B oder C einteilen kann, es sei denn aus menschlicher Arroganz. Es sind immer wir, die gemäß unseren Vorstellungen und gemäß den momentanen Gegebenheiten und unseren Zielen ein A, B und C schaffen.

Und es sind immer wir, für die das Töten eines Rehs etwas Trauriges ist und die sich keine Gedanken machen, wenn wir Tausende Insekten auf der Windschutzscheibe töten, wenn wir wandern, wenn wir das Gras des englischen Rasens mähen, die Rosen, die Apfelbäume, den Mais spritzen, die Gewässer verschmutzen usw. Deshalb lasse ich mich nicht vom Schönen, Sympathischen, Süßen, gewollt oder nicht, beeinflussen. Auch weil es zu einfach wäre, sich hinter Bemerkungen wie da kann man nichts machen, habe ich nicht gesehen, davon gibt es viele oder die leiden nicht so wie andere Lebewesen zu verstecken. In Wirklichkeit habe ich auch nichts gegen Jagd und Fischerei (ich bin Fischer, mittlerweile war ich einer). Der Mensch hat immer gejagt und gefischt und viele primitive Stämme tun es weiterhin. Was mich vom Fischen abgebracht hat und was mich bei der Jagd nicht überzeugt, ist die Herangehensweise der übergoßen Mehrheit derer, die sie ausüben. Die Technologie hat Riesenfortschritte gemacht und das bringt viele Vorteile. Vorteile, die sich nicht auf die besseren Chancen, das Ziel – der Fang – zu erreichen, beschränken. Die Technologie ermöglicht auch, dass die Beute weniger leidet, beim Fischen kann auch die falsche Beute einfach wieder in die

Freiheit entlassen werden. Was mir nicht gefällt, ist, dass die übergroße Mehrheit derjenigen, die sie ausüben, obwohl sich viele als Naturliebhaber bezeichnen, nicht die geringste Vorstellung davon hat, was die Natur und ihre Ökologie sind. Bei der modernen Jagd und Fischerei gibt es unzählige Beispiele von vernichteten Tieren, man braucht nicht auf den Dodo oder den Riesenalk (Pinguinus impennis) zu verweisen, der um die Mitte des neunzehnten Jahrhunderts ausgestorben ist. Denken wir in jüngerer Zeit an Großkatzen, an das schwarze Nashorn und auch an europäische oder italienische Tiere, Luchs, Wolf, Bär, Auerhahn oder daran, wie es vielen Tages- und Nachtgreifvögeln ergangen ist und ergeht. Das Problem ist, dass die meisten Jäger und Fischer noch nicht bereit sind; sie sind noch im Mittelalter. Das ersieht man aus vielen Dingen, in primis aus der Lizenz und dann aus den Jagd- und Fischereiaufsehern. Keiner von ihnen wäre imstande, die Natur zu verwalten, wenn er nicht kontrolliert und eingeschränkt würde. Man muss eine Höchstentnahme festlegen, eine Schonzeit, Auslesen, Größen, Verbotszeiten und -zonen. Es gibt so viel Ungleichgewicht, dass man zentnerweise Fische (häufig nicht heimische) in die Flüsse einsetzen muss, um sie nachher fischen zu können. Man musste, oder man muss, Wildschweine, Fasane usw. freilassen, um sie jagen zu können; die meisten Jäger verstehen nicht, dass die Ausrede der Erhaltung in diesen Fällen nicht haltbar ist. Jagd und Fischerei sollten das Glied eines Ökosystems sein und keine Schlinge; sie sollten ein Eintauchen in die Natur darstellen, ein Einswerden mit ihr. Die Umwelt studieren, die Beutetiere beobachten, die Spuren, die Verhaltensweisen, sie ereben, nicht mit dem Auto bis auf

2000 m hinauffahren. Ein paar Schritte machen, oftmals vom Babysitter begleitet, der die Gegenden und die Tiere kennt und der dir sogar sagen muss, worauf du schießen kannst und worauf nicht, weil du eine weibliche Gämse nicht von einer männlichen unterscheiden kannst. Sie halten sich für Sportler und Naturliebhaber, im Geländewagen, und bezahlen für den gedeckten Tisch und den Service. Die meisten, die ich kenne, würden, wenn es keine Grenzen gäbe, fischen und jagen bis die Köder und die Kugeln ausgehen, und dabei vier Tiefkühltruhen füllen. Egal, ob es morgen keine Beutetiere mehr geben wird. Dann geben wir ruhig den anderen Beutegreifern die Schuld: Reiher, Fischotter, Wölfe, Luchse. Ehrlich gesagt, die meisten Jäger und Fischer, die ich kenne, scheren sich nicht um die Natur. Ginge es nach ihnen und gäbe es keine Regeln zu beachten, wäre der einzige noch lebende Vogel und Fisch vielleicht der zwischen ihren Beinen. Was mich traurig stimmt, ist, dass die meisten von ihnen überzeugt sind, die Gleichgewichte aufrechtzuerhalten, während ich sie als von ihnen selbst geschaffene Ungleichgewichte bezeichnen würde. Nicht alle sind so, ich kenne etliche und spreche mit vielen; mit den meisten setze ich mich nicht mehr auseinander, mit einigen diskutiere ich gern, zu anderen habe ich ein sehr gutes Verhältnis. Es sind jene, die wahrscheinlich verstanden haben, dass mein Problem weder in der Jagd noch in der Fischerei besteht, sondern in der Unwissenheit derjenigen, die noch nicht kapiert haben, dass wenn es diese ganzen Regeln gibt, dann deshalb, weil das Ganze sich nicht aufrechterhält. Nun, da verschiedene Beutegreifer zurückgekehrt sind und man am Spieltisch zu dritt oder zu viert ist, ist es zu leicht und zu dumm, zu denken, man könne gewinnen, indem man die Konkurrenz ausschaltet oder einfach weiterhin neue Beutetiere freilässt. Es bleibt uns nichts anderes übrig, als den Aberglauben mit der Vernunft zu bekämpfen, der Krieg gegen das Gerede ist unermesslich und kostet Zeit, Geduld, Gesundheit. Doch nur dadurch kann man eine bessere Zukunft schaffen. Als Erstes im Leben muss man sich Fragen stellen können, das ist der erste Schritt, um die richtigen Antworten zu finden.

XI
Unterricht bei der besten Lehrerin.

- 55 -

Hätte ein Mensch die Umsicht und die Intelligenz, zu BEOBACHTEN, wenn er die Dinge sieht, die ihn umgeben, würde er wahrscheinlich vieles wahrnehmen. Sehr viel moderne Technologie wurde von der Natur inspiriert. Vom simplen Klettverschluss, inspiriert von der Großen Klette (Arctium lappa), zu den ultraleisen Zügen, inspiriert vom Eisvogel; widerstandsfähigere Gläser, die sicher sind und die UVA-STRAHLEN reflektieren, inspiriert von den Spinnennetzen, wasserabweisende Materialien, inspiriert von der Lotosblüte. Dann gibt es aber auch Wunderwerke der Ingenieurskunst wie den Crystal Palace in London, 1854 errichtet und inspiriert von der Seerose Victoria amazonica, oder das Eastgate Building Centre von Harare, das die Architektur der Termitenhügel nutzt, um die Hitze zu bekämpfen. Mikroroboter und Roboterarme, dem Neunauge oder dem Rüssel des Elefanten nachempfunden, außerdem Materialien, die von den Füßen der Geckos, den Flügeln der Eulen, von Käfern inspiriert sind. Das ist die Biomimikry, die Erforschung der biologischen und biomechanischen Prozesse in der Natur mit dem Zweck, menschliche Technologien zu verbessern und zu entwickeln. Nicht zu vergessen die Medizin. Neben einer Vielzahl von Heilmitteln, die aus Pflanzen, Pilzen, Algen gewonnen werden (Heilpflanzenkunde), sind sehr viele moderne Medikamente, die man als chemisch bezeichnet, häufig nichts anderes als Wirkstoffe, die aus bereits in der Natur vorhandenen Substanzen reproduziert werden. Denken wir an die Naturprodukte oder an die von ihnen inspirierten. Von den Antibiotika (Penizillin und Erythromycin) zu Medikamenten, die bei Organtransplantationen verwendet werden, wie Ciclosporin und Rapamycin (Immunsuppressiva), Chemotherapeutika wie Trabectedin und Vinblastin, denken wir an das Morphium und Codein (Analgetika), das Chinin gegen die Malaria und viele andere. Doch nicht genug, darüber könnte man jahrelang schreiben. Schließlich kann jedes tierische, pflanzliche oder sonstige Lebewesen immun gegen eine Krankheit oder resistent gegen bestimme Mängel oder Probleme sein. Wir können sein Genom untersuchen, um diese Wunderdinge, diese Geheimnisse zu verstehen. Die Wissenschaft verfügt über einen riesigen Spielplatz, aus dem sie Wissen und Lösungen beziehen kann. Und gerade das macht mich fuchsteufelswild, wenn der Mensch nicht kapiert, dass wir bei jedem Aussterben irgendeines Lebewesens eine einmalige, unwiederholbare Gelegenheit verpassen, um diese Struktur, dieses Genom zu verstehen, zu beobachten, zu studieren, das eines Tages hätte Probleme lösen oder uns den Arsch retten können! Denkt jedes Mal, wenn wir eine Art aufs Spiel setzen, darüber nach. Jedes Mal, wenn wir die Chance auf ein besseres Leben aufs Spiel setzen.

Empfehlung:
M. Fournier, *Bauen wie die Biene, fliegen wie der Vogel: Wenn die Natur die Wissenschaft inspiriert.*

XII
Die unendliche Geschichte des Ganzen.

Oft denke ich an die ganzen Reisen, die ich unternommen habe, die ich noch unternehmen werde und die sich leider nicht mehr ausgehen werden. Dann denke ich an mich selbst, betrachte meine auf dem Boden ruhenden Füße, meine Hände. Was haben sie mir ermöglich. Ich denke, wie sie gealtert sind, woraus sie bestehen, betrachte diese Eichel, die ich in der Hand halte und denke an ihre Struktur, an ihre Bestandteile. Kohlenhydrate, Vitamine, Proteine, Mineralien, Fette. Ich denke, wie viele Reisen ich und die Eichel auch unternehmen können, schlussendlich sind wir als Eichel und als Mirko im Vergleich zu unseren Bausteinen sehr wenig gereist. Ich stelle mir das Kohlenstoffatom vor, auf dem seit grauer Vorzeit das Leben und seine unglaublichen Reisen beruhen und das zu einem endlosen Kreislauf verdammt ist. Ich denke an diese Eichel und an ihr winziges Kohlenstoffatom, das nicht weiß, welches ihre nächste Reise sein wird, es weiß nicht, ob es keimen und zu einer Eiche werden wird, vielleicht wird es in ein paar Tagen Teil eines Hirsches, vielleicht wird es zu einem Spross und in einigen Monaten Teil eines Hirsches. Wird es zu einem Muskel und dann Teil eines Menschen oder vielleicht eines Wolfs? Vielleicht Fell, und bevor es zu Humus wird, wird es möglicherweise ein Nest herrichten und Küken darin aufnehmen oder Wildmäuse wärmen. Es könnte sich zersetzen und dann zur Struktur einer anderen Pflanze werden, zu einer Kiefer womöglich, einem Tannenzapfen, einem Samen, von einem Vogel gefressen werden und zu einer Feder werden oder von einem Eichhörnchen gefressen werden und zu Nahrung werden und gleichzeitig Teil eines Marders sein. Das Aas des Marders könnte zu einem Dachs oder Fuchs werden und vom Fuchs könnte es zu einem Luchs werden. Oder zu Exkrementen des Luchses, die zu einem winzigen Tier werden, das sie zersetzt, oder vielleicht zu einem anderen Gewächs oder Pilz. Möglicherweise wird es zu Blütenstaub und geht auf eine lange Reise, oder zu Nektar und zu einem Insekt und dann zu einer Schwalbe, wird bis Nigeria reisen und womöglich zu einem Greifvogel oder zur Nahrung für Fische im Mittelmeer werden, eventuell zu einem Hai oder zu Plankton oder einem kleinen Krustentier, danach zu einem Wal; womöglich zu einem riesigen Grauwal und wird mit ihm nach Kalifornien und dann hinauf bis in die Arktis ziehen, um nach vielen Jahren wieder zu einem Krustentier zu werden, zu einer Molluske, einer Alge oder einem Fisch. Zu einer Robbe, einem Eskimo, einem Bären oder vielleicht einem Schwertwal. Nach Kalifornien zurückkehren vielleicht. Ich betrachte meine Hand und diese Eichel und frage mich, seit wann unsere Bausteine tatsächlich existieren. Welche Reisen sie gemacht haben. Was und wer sie gewesen sind. Was sie erlebt haben und erleben mussten. Es wäre schön, auf einige ihrer Erfahrungen zurückgreifen zu können, oder vielleicht nicht, das würde zu viel Chaos mit sich bringen, zu viele Ängste, zu viel Leid, also ist es in Ordnung so wie es ist. Man muss den Augenblick genießen, zumindest wenn es möglich ist, mit den eigenen Erfahrungen wachsen und aus denen der anderen schöpfen, sie sortieren, beobachten, beurteilen, imaginieren. Gute Reise, Eichel, womöglich begegne ich in ein paar Jahren einigen Teilen von dir, wenn ich eine Eiche betrachte, einen Raben oder wer weiß wen oder was. Ich lächle, es ist komisch, sich vorzustellen, dass ich, diese Eiche und dieser Rabe aus Atomen bestehen könnten, die vormals verschiedene Moleküle eines einzelnen Lebewesens bildeten, oder ob möglicherweise eine sedimentierte organische Substanz auf dem Meeresgrund organogene, kohlenstoffhaltige Sedimentfelsen hervorgebracht hat? Tote Substanz also, die dank der Zeit und der Wetterereignisse zuerst sowie Bakterien und Würmern danach zu Gartenerde wird, von der sich eine Pflanze ernähren wird, indem sie den Kohlenstoff erneut in lebendige Materie einverleibt. Welch großartiger Zyklus das Leben und seine Abwesenheit! Wir waren, sind, werden sein, stets ein bisschen von allem.

(Herbstgedanken 2019))

XIII
Nichts Neues, ich komme wie immer zu spät.

Jedes Mal, wenn ich im Wald sitze, um auf ein Tier zu warten, jedes Mal, wenn ich mich auf Spurensuche begebe, sucht mein Kopf laufend alles zu verstehen, was mich umgibt. Wenn man neugierig ist, wird man schnell von den Geheimnissen gefesselt, die der Wald und die Natur bieten.

Man ist von Millionen Lebewesen mit Strukturen, Interaktionen, Daseinsformen umgeben, die für uns, oder wenigsten für mich, sehr wunderlich sind. Ich weiß aber, dass fast alles ein Warum hat. Deswegen beobachte ich und zerbreche ich mir den Kopf. Dabei komme ich zu Schlüssen, Antworten, Erfahrungen, oder auch nicht.

Beim Lesen unzähliger Bücher begegnet man einfachen Personen oder Wissenschaftlern, die sich die gleichen Fragen gestellt haben. Ich lese ihre Schlüsse und finde mich darin wieder, das Faszinierendste ist, sich auseinanderzusetzen, ihre Ideen kennenzulernen, ihre Forschungen, ihre Ergebnisse, die oft unterschiedlich sind, häufig interessant und möglicherweise unversehens logisch. Häufig siehst du, dass sich der Typ auf der anderen Seite der Welt die gleichen Fragen gestellt hat, und womöglich 300 Jahre zuvor.

Ab und zu liest du, dass sie soeben ein Problem gelöst

haben, mit dem du dich vor einigen Jahrzehnten beschäftig hattest. Ab und zu stößt du auf Schlüsse, zu denen du selbst gekommen warst und freust dich zu wissen, dass du dich nicht geirrt hattest, oder du bist nicht der Einzige, der sich geirrt hat. Es wird nicht langweilig, wenn man Beobachtungsgeist hat, stellt man sich nur viele Fragen.

XIV
Veränderung

„Tati, was ist das für eine Schlange?"
„Eine *Zamenis longissimus.*"
„Eine Äskulapnatter? Aber nein, du täuscht dich."
„Sie ist noch jung, deshalb hat sie ein anderes Schuppenmuster. Auch viele andere Schlangen, und nicht nur sie, haben, wenn sie jung sind, Färbungen und Zeichnungen, die sich von ihren typischen Merkmalen im Erwachsenenalter unterscheiden."

Dank Nicolas beginne ich mir verschiedene Fragen zu stellen. Mein erster Gedanke war: Warum hat ein Tier diese spezifische Färbung? Die Antwort war recht einfach, ich erinnerte mich an zwei Begründungen. Die erste war, damit man sie nicht bemerkt, sowohl als Beutetier als auch als Beutegreifer, die zweite hatte mit der Fortpflanzung zu tun. Anziehender sein als andere. Natürlich wusste ich, dass die beiden Dinge oft in Gegensatz zueinander stehen und sich gegenseitig einschränkten. Doch die Evolution hat sich in bestimmten Fällen für einen Weg und in anderen für einen anderen entschieden. Ich wusste, dass es viele Untersuchungen darüber gab, in jenem Moment aber ging mir etwas anderes durch den Kopf. Auch Rehkitze sind in der Jugend ganz anders, zunächst haben sie keinen Eigengeruch, damit keine Beutegreifer angezogen werden, und das ist der Grund, weshalb sich die Mutter von ihnen fernhält, außer beim Stillen. Leider lässt das die Leute, die nichts von der Materie verstehen, denken, sie seien verlassen worden, und so berühren sie sie oder nehmen sie der Mutter weg und verdammen sie zum Tod. Ein Rehkitz, das von einem Menschen berührt wurde, wird sehr wahrscheinlich von seiner Mutter endgültig verlassen. Darum bitte ich euch, sie niemals zu berühren und euch schnellstmöglich zu entfernen.

Außer dass sie keinen Eigengeruch verströmen, haben sie ein anderes Fell, das mit einer Art weißen Tupfen bedeckt ist, das man als geschecktes Fell erkennt. Damit ist es besser getarnt.

Andere Tiere bedienen sich der Mimikry oder der Polymorphie (Nachtfalter und andere Gliederfüßer), um sich zu verstecken oder um den Beutegreifern die Verwendung eines Suchbildes zu erschweren, andere setzen grelle Farben ein, um auf ihre Giftigkeit aufmerksam zu machen, wieder andere ahmen gefährliche Tiere nach, die famose Bates'sche Mimikry. Die ersten beiden heimischen Schlangen, bei denen sich die Jungen von den Erwachsenen erheblich unterscheiden, die mir einfallen, sind eben die Äskulapnatter und die Ringelnatter. Ihr Muster ändert sich, im Jugendstadium haben beide gelbe Flecken auf der Höhe des Halses, die im Erwachsenenstadium fast völlig verschwinden. Aber auch die Farben und die Zeichnung des restlichen Körpers ändern sich. Beide Schlangen sind harmlos und ich fragte mich, ob dieses Gelb nicht eine Warnung an die vielen Beutegreifer sei, die sie als Jungen anlocken können. Auch die Rückenfärbungen und das unterschiedliche Muster mussten logischerweise eine

Begründung haben. Halten sie sich als Jungen in unterschiedlichen Habitaten auf? Brauchen sie eine andere Mimikry, wie die Rehe? Ich erinnerte mich nicht, etwas Diesbezügliches über die Schlangen gelesen zu haben und nahm mir deshalb vor, der Sache auf den Grund zu gehen. In den folgenden Tagen versuchte ich, Untersuchungen darüber zu finden, hatte aber keinen Erfolg. Ich habe dagegen viele Abhandlungen über ihr Muster gefunden, das sich oft je nach geografischem Gebiet (und nach Geschlecht, wo es einen unterschiedlichen Kontrast zwischen Grundfärbung und Muster gibt) und auch je nach Unterart ändert. Ohne Zweifel hat das Habitat die natürliche Auslese beeinflusst und darum gibt es Abweichungen bei der Farbe, warum aber diese auffälligen Unterschiede zwischen jungen und erwachsenen Exemplaren? Ich weiß es nicht und ich könnte nur Vermutungen anstellen, so wie über die gelben Flecken. Tatsache ist, dass es immer mehr Fragen als Antworten gibt, und wenn ich sie mir nicht selbst stelle, tun dies die Kinder.

Empfehlungen:
M. Di Nicola, L. Cavigioli, L. Luiselli, F. Andreone, *Anfibi e rettili d'Italia*.
M. Grano, G. Meier, C. Cattaneo, *Vipere Italiane*.

XV
Spuren

Meine Leidenschaft sind die Spuren, das ist bekannt. Fährten, Markierungen, Beutefänge, Höhlen. Beim Gewölle (unverdauliche Nahrungsreste der Greifvögel und vieler anderer Vögel) und den Nestern bin ich nicht sehr beschlagen, bei den Losungen (Exkremente) verschiedener Säugetiere kenne ich mich dagegen recht gut aus. Oft fragt man mich, was ich bei den Exkrementen so wichtig finde, und meine erste Antwort ist, dass man Scheißkerle besser kilometerweit erkennt. Nun, Scherz beiseite, die „Losungen" (Fachausdruck) verraten sehr viel.

Losungen sind interessant, weil sie nicht nur die Präsenz einer Art bestätigen, sondern uns auch etwas über diese erzählen. Über ihre jüngste Vergangenheit (was hat sie gegessen? Wann ist sie vorbeigekommen?), ob es Jungen gibt, und in einigen Fällen helfen sie, ihr Geschlecht zu bestimmen. Losungen können je nach Ernährung und Jahreszeit ganz unterschiedliche Merkmale haben (wie es bei den Wiederkäuern der Fall ist, mit der Zu- und Abnahme von Säften und trockenen pflanzlichen Stoffen in den verschiedenen Substanzen, von denen sie sich ernähren).

Was dafür verantwortlich ist, ist nicht immer leicht auszumachen; viele Nahrungsmittel, Obst, Regenwürmer, Haselnüsse und andere können auf die strukturelle Form einwirken und somit ihre Identifizierung erschweren (z. B. Losungen von Marder und Steinmarder, die nicht mehr typisch gewunden sind). Viele Losungen von Pflanzenfressern kann man anhand der Verarbeitung der Substanz unterscheiden. Die Losung eines (polygastrischen) Wiederkäuers unterscheidet sich verdauungsmäßig erheblich von der eines Pferdes oder eines Hasenartigen. Bei vielen Losungen ist die Identifizierung einfach, bei anderen nicht. Auch der Geruch (im Fall von Füchsen) oder die Platzierung können helfen. Manche Tiere markieren mit ihnen das Territorium und deponieren sie auf Steinen oder erhöhten Gegenständen.

Wenn man Zweifel hat, kann man sie zerteilen (mit Vorsicht, denn sie können Krankheiten übertragen) und untersuchen. Zu beachten sind schließlich die Entwicklungsstufen der verschiedenen Jungen, wo die Dimensionen zwangsläufig verschieden sind. Etwas vom Interessantesten ist jedoch, dass sie uns den momentanen Aktionsraum zeigen.

Tiere, die man selten sieht, zeigen uns, in welchen Zonen sie fressen und in welchen Höhen sie gerade Futter finden.

Viele Tiere führen im Lauf der Jahreszeiten Höhenmigrationen durch; diese Migrationen hängen mit dem Klima zusammen, aber auch mit dem Vorhandensein von Futter. Es versteht sich, dass im Tal einige Triebe zum Beispiel etwa zwei Monate früher vorhanden sind als in der Höhe.

Je nach Höhe sind unterschiedliche Pflanzenarten vorhanden und die Tiere müssen sich anpassen. Daher können wir zum Beispiel aus einer auf 1800 m gefundenen Losung ersehen, ob das Tier zum Fressen in tiefere Zonen absteigt oder ob möglicherweise das Gegenteil der Fall ist. Aber auch das Vorhandensein von Haselnüssen oder besonderen Früchten kann uns helfen zu verstehen, in welchem Bereich des Waldes man ihm leichter begegnen kann. Die Losungen erlauben dir, dieses Gebiet und seine Gäste viel besser kennenzulernen. Dank ihrer hatte ich vor längerer Zeit die Gewissheit, dass der Wolf lange vor seiner ersten Sichtung wiedergekehrt war, und habe entdeckt, dass die Wildschweine bis zu uns vorgedrungen waren.

Im Gegensatz zu dem, was viele denken, sind Losungen auch viel leichter zu finden als Fährten; es braucht nämlich keinen Schnee oder keine feuchte Erde, um sie zu sehen, man darf nur nicht in sie hineintreten, aber daran seid ihr ja bereits in der Stadt gewöhnt.

Empfehlungen:
Alle Bücher von M. Bouchner, von P. Bang/P. Dahlstroem, von Ohnesorge/Scheiba, von H. J. Kriebel, von G. Boscagli, von N. Baker, von Tinbergen, von R. W. Brown, von M. J. Lawrenc, von J. Pope, von A. Lang, die von Tierspuren handeln.

XVI
Gut und böse?

„Nicolas, glaub nicht an diese Dinge!"

Ich und mein Sohn hörten gerade eine Sendung, in der darüber gesprochen wurde, um wie viel besser als die Menschen die Tiere seien.

Solche Vergleiche habe ich immer gehasst. Erstens weil man sie meines Erachtens nicht machen kann, zweitens, weil ich nicht gern in einen Topf mit anderen Menschen – bösen oder ignoranten – geworfen werden möchte. Also erklärte ich meinem Sohn, dass man den Menschen und die anderen Tiere nicht mit demselben Maßstab beurteilen und messen kann. Ich erzählte ihm von vielen Tieren, die die Partnerinnen schwängern und verlassen und sie und die zukünftigen Kinder ihrem Schicksal überlassen: Luchs, Bär, Reh, viele Fische und andere (die Hunde, vielleicht weil sie Haustiere sind? Ein Wolf würde das nicht tun).

Tiere, die sich oft von den Partnern ernähren (viele Spinnen, Gottesanbeterinnen und andere). Im Tierreich gibt es auch Kannibalismus (Bienen, Reptilien, Hamster). Es gibt Parasiten, unter ihnen Vögel, die ihre Eier in fremde Nester legen; nach dem Schlüpfen entledigt sich das Küken der Stiefbrüder, indem es sie aus dem Nest wirft (Kuckuck). Gliederfüßer, die ihre Eier in anderen Tieren ablegen. Es gibt Gruppen von Tieren, in denen Alphamännchen und -weibchen über die anderen herrschen. Viele Tiere erbeuten andere Tiere und andere erbeuten Pflanzen. Viele Haustiere, Hunde und Katzen, töten zum Spiel, ohne die Beute danach zu verzehren. Die Tiere verteidigen ihr Territorium und ihre Weibchen, indem sie mögliche Eindringlinge oder Rivalen angreifen und ab und zu töten. Es gibt Tiere, die die Jungen eines anderen Männchens töten, um sicherzustellen, dass das Weibchen erneut brünstig wird, wie Löwe und Bär. Und viele weitere Beispiele. Wer die Tiere erforscht, für den ist das die Realität.

Das eigene Überleben und alles, was es einschließt, rechtfertigt ihre Verhaltensweisen; wie ich aber gesagt habe, hat das mit Gut oder Böse recht wenig zu tun. Die Primaten, zu denen wir gehören, sind nicht alle Vegetarier. Im Gegenteil, die meisten sind Allesfresser, und einige sind auch Kannibalen. Die Schimpansen zum Beispiel bilden gelegentlich richtige Schwadronen und machen Jagd auf andere Affen. Wollen wir über einige Amphibien wie die Erdkröte sprechen? Bei der Fortpflanzung klammern sie sich unter Wasser an die Weibchen, oftmals zwei, drei Männchen zugleich; dabei wechseln sie sich ab, verdrängen sich gegenseitig und während die Männchen zum Atmen an die Oberfläche kommen, bleibt das unglückliche Weibchen wegen des Gewichts der Männchen am Grund des Teiches und ertrinkt häufig.

Nein, das Tierreich ist nicht eitel Sonnenschein, wie man uns oft weismachen will, nur um uns schlechter dastehen zu lassen, als wir in Wirklichkeit sind. Wenn man sie genau beobachtet, verbringen die anderen Tiere ihr Leben damit, die Nahrung, ihr Territorium und ihren Geschlechtspartner zu verteidigen. Sie leben ein Leben im Wettstreit um den Erfolg und kämpfen darum, wie gesagt. Sie erinnern mich an jemand…

Eines Tages, immer mit Nicolas, sahen wir ein Rabenpaar, das sich über einen anderen Raben hermachte. Wahrscheinlich war er in ihr Territorium eingedrungen und das Paar attackierte ihn auch dann, als er sich anscheinend entfernen wollte. Mein Sohn fragte mich, warum sie nicht von ihm abließen, und ich antwortete ihm mit einem Satz von Helga Fischer: „Ich weiß überhaupt nicht, was du willst, auch Gänse (in diesem Fall Raben) sind nur Menschen!"

Dieser Satz, den ich großartig finde, war ihre Antwort auf eine Äußerung von Konrad Lorenz über die Graugänse, die sie gerade gemeinsam beobachteten.

Empfehlungen:
Danilo Mainardi, *La strategia dell'aquila*.
Donald R. Griffin, *L'animale consapevole*; englische Ausgabe: *Animal Minds: Beyond Cognition to Consciousness*.
Robert Hinde, *Das Verhalten der Tiere*.

XVII
„…Tati, liebst du alle Tiere?“

„…Tati, liebst du alle Tiere?“
Ich wusste nicht, was antworten.
„Tati, hörst du mir zu?“
„Ich höre dir zu, Nicolas, ich denke nur nach. Ich weiß nicht, was ich dir antworten soll. Vielleicht hängt es davon ab, was das Wort lieben bedeutet. Ich weiß, dass ich dich liebe und deine Schwester und wenige andere. Die Tiere interessieren mich, so wie mich die Natur im Allgemeinen interessiert, einige aber studiere ich genauer. Ich kann nicht alle studieren, doch weißt du was? Ich kann alle respektieren, oder zumindest versuche ich es.“
„Hast du nie ein Tier getötet?“
„Ja, gewiss. Den einen oder anderen Fisch, um ihn zu essen, viele Fliegen, Mücken und Zecken und viele andere Gliederfüßer, beim Gehen oder unterwegs mit dem Auto; weißt du noch, wie viele auf der Windschutzscheibe sind, wenn wir das Auto waschen?“
„Es sind die Zecken, die anfangen! Wenn sie mich nicht stechen, tötest du sie nicht!“
„Weißt du, es ist alles sehr kompliziert, wir sind Teil einer Nahrungskette, vor allem aber der Natur. Das Komplizierte ist, eine Lebensweise zu finden, die geringe Belastungen mit sich bringt. Eine Lebensweise, die nicht zu stark eingreift. Auch die Kuh tötet mit dem Schwanz die eine oder andere Bremse, weil sie sie sticht, aber nicht, um sie zu fressen!“
Nicolas lachte.

Ich habe mich nie als Tierschützer betrachtet, auch nicht als Umweltschützer. Ich habe etwas gegen Scheuklappen. Ein bisschen wie bei meiner Arbeit. Ich bin verantwortlich für die Umwandlung eines Stoffes, ich muss aber wissen, wie dieser Stoff hergestellt wird oder wie das Produkt, das ich hergestellt habe, danach vermarktet wird. Gerade deshalb glaube ich, dass ich, wenn ich mich unbedingt mit einem Wort identifizieren müsste, die Bezeichnung Ökologe vorziehen würde.

Jeder meiner Gedanken sucht eine Antwort in der Ökologie. Meines Erachtens braucht es immer einen weiten Blick auf das Ganze.
Deshalb ziehe ich jemand, der ein Habitat respektiert und überhaupt nichts tut, demjenigen vor, der nur ein oder wenige Lebewesen dieses Habitats liebt und um es/sie zu retten in der Regel dem ganzen Rest mehr Schaden zufügt als Gewinn bringt.

XVIII
Martes foina – Der Steinmarder und seine Geheimnisse

Jahrelang fand ich im Wald kleine Häufchen (3-5 cm Durchmesser) zerdrückter Beeren von Kiefern-Misteln (*Viscum album subsp. Austriacum*), eines Parasiten auf Waldkiefern (*Pinus sylvestris*) und Schwarzkiefern (*Pinus nigra*) und, seltener, von Tannen-Misteln (*Viscum album subsp. Abietis*), eines Parasiten auf Weißtannen (*Abies alba*). Tatsächlich handelt es sich um einen Hemiparasiten, denn er ist imstande, selbstständig die Fotosynthese durchzuführen, er dringt aber mit seinen Saugwurzeln in den Stamm einer anderen Pflanze ein, um Mineralstoffe und Wasser zu entnehmen. In der bekannten Weihnachtstradition ist die Mistel die Pflanze, unter der man sich küsst in der Hoffnung auf Glück. Das Sonderbare ist, dass diese Häufchen aus gekauten und ausgewürgten Beeren bestehen. In der Zeit von November bis Anfang März habe ich immer sehr viele davon gefunden. Für mich waren sie ein Geheimnis. Zunächst hatte ich an die Misteldrossel (*Turdus viscivorus*) und die Mönchsgrasmücke (*Sylvia atricapilla*) gedacht, doch Menge und Konsistenz stimmten nicht, sie waren nicht gefressen und verdaut worden wie in ihrem Fall. Diese Auswürfe von Misteln machten mich wahnsinnig, bis ich den Schuldigen gefilmt habe, einen Steinmarder. Mittlerweile bin ich auf eine deutsche Untersuchung gestoßen, die von einem ähnlichen Verhalten des Marders sprach.

Die Frage, die mich quälte, war aber, was einen Marder dazu brachte, eine giftige Beere zu fressen, um sie dann wieder auszuwürgen. Heutzutage findet man viele mehr oder weniger glaubhafte und überprüfte Informationen und Untersuchungen über die Eigenschaften der Mistel. Vor einiger Zeit fand ich eine Abhandlung eines spanischen Biologen, an dessen Namen ich mich leider nicht mehr erinnere, in der er vermutete, dass Marder, aber auch Füchse sie schlucken, um Erbrechen auszulösen, nachdem sie giftige Substanzen oder durch giftige Krankheitserreger verseuchtes Aas gefressen haben.

Unter den verschiedenen Wirkstoffen finden wir die Lektine (die die Synthese der Proteine auf ribosomaler Ebene hemmen), die Viscotoxine (die auf die Zellmembran einwirken), die wasserlöslichen Polysaccharide (die eine immunstimulierende Wirkung haben, die Natural-Killer-Aktivität der T-Zellen verstärken und das Komplementsystem aktivieren). Alle drei werden untersucht, um bei der Krebsbekämpfung eingesetzt zu werden. Außerdem finden wir verschiedene biogene Amine (Tyramin, Cholin, Histamin), Lignane und Phenylpropane (Derivate der Kaffeesäure), Flavonoide des Quercetins, Triterpene und vieles mehr. Die Mistel bietet nicht nur die Möglichkeit für interessante und nützliche Entdeckungen, sondern hat auch, wie gesagt, viele toxische Wirkungen für Mensch und Tier. Erbrechen, Durchfall, Bradykardie, Bluthochdruck, Bauchschmerzen, erhöhter Speichelfluss und Erweiterung der Pupille, Ataxie, Krämpfe, Herz- und Atemstillstand, bis hin zum Tod. Wie ich bereits sagte, ich weiß, dass sich einige Vögel von ihren Beeren ernähren, ich wollte aber verstehen, was Marder und andere Tiere veranlasst, Beeren von Misteln zu verzehren, um sie dann wieder auszuwürgen. Leider habe ich keine klare Begründung gefunden. Ich habe eine deutsche Untersuchung gelesen (der Kommission E), die eine leichte Erhöhung der Körpertemperatur feststellte, ist das vielleicht der Grund? Angesichts der Winterzeit. Ich weiße es nicht und glaube, dass man es nicht weiß. Vielleicht ruft der eine oder andere Wirkstoff Rauschzustände hervor? Was viele vielleicht nicht wissen: Es gibt sehr viele Tierarten, die Drogen nehmen. Es gibt Elefanten und Affen, die sich mit vergorenen Früchten verschiedener Bäume berauschen, Katzen, die Echte Katzenminze (*Nepeta cataria*) fressen (auch Hauskatzen), Kühe, die *Locoweed* fressen, Vögel, die sich mit vergorenen Früchten oder mit solchen, die andere psychoaktive Substanzen enthalten, berauschen. Andere zum Beispiel bevorzugen Hanf- und Mohnsamen. Auch viele Insekten nehmen Drogen, bekannt sind die Fliegen, für die der Fliegenpilz (*Amanita muscaria*) ein Mittel ist, um „high" zu werden, ein Pilz, der von vielen Arten gefressen wird. Es gibt tatsächlich unzählige Tiere, die Drogen nehmen, von den Gliederfüßern bis zu den Affen. Deshalb würde ich nicht von vornherein ausschließen, dass möglicherweise die eine oder andere Substanz dem Steinmarder besonders gut schmeckt.

Empfehlung:
Giorgio Samorini, *Animali che si drogano*.

XIX

Die Thermen des Eichelhähers

Es war Anfang April, Nicolas und ich waren auf der Suche nach Hirschgeweihen.

„Tati, wer hat diesen schönen Ameisenhaufen kaputt gemacht?"

Ich gehe näher heran und sehe ihn mir genauer an.

„Es sind rote Waldameisen (*Formica rufa*). Siehst du diese Furchen? Es gibt verschiedene, aber auch wenn sie tief und breit sind, haben sie eine bestimmte Form. Es sind kleine Löcher oder Kerben, die wie Schützengräben aussehen. Weißt du noch, welche Tiere sich von den Larven und Eiern der Ameisen ernähren?"

Nicolas denkt kurz nach und antwortet dann: „Mir fällt der Bär ein."

„Richtig, der Bär und auch der Dachs, doch mit ihren Pfoten ruinieren sie ihn viel stärker, von einem Ameisenhaufen bleibt nicht mehr viel übrig; hier dagegen ging man viel feiner vor, hier war ein Vogel am Werk und ich wette, es war ein Specht. Ich bin unentschlossen zwischen Schwarzspecht (*Dryocopus martius*) und Grünspecht (*Picus viridis*); mit großer Wahrscheinlichkeit aber war es einer von ihnen."

„Suchen die aber nicht in den Bäumen nach Larven?"

„Auch, doch diese beiden Arten leben vorwiegend auf dem Erdboden, graben auch in faulen Wurzeln, die aus dem Erdboden ragen, und sind gierig nach Eiern und Larven von Ameisen. Das heißt nicht, dass der Rotspecht oder der Grauspecht keine Ameisen fressen; ich habe sie auf Ameisenhaufen gesehen, ich habe sie

aber nie so graben sehen. Auch viele *Turdidae* (Drosseln, Amseln) und sogar Rotkehlchen kann man Ameisenhaufen plündern sehen, jetzt aber erzähle ich dir eine andere interessante Geschichte. Es gibt noch einen Vogel, der solche Löcher macht, nur nicht so tief und nicht auf Nahrungssuche. Es ist der Eichelhäher (*Garrulus glandarius*), ein Rabenvogel. Er ist mein Lieblingsvogel, denn wenn wir ihn als menschliches Wesen beschreiben würden, wäre er schlau, intelligent, aufmerksam und misstrauisch. Außerdem hat er ein hervorragendes Gedächtnis, er kann andere Vögel nachahmen und sogar sprechen wie ein Papagei."
„Echt?"
„Ja, als ich klein war, vor mehr als 40 Jahren, fand ich einen Nesthocker mit einem gebrochenen Flügel. Er blieb bei mir, lernte die Stimme deines Opas nachzuahmen und wiederholte die Worte, die dieser am häufigsten verwendete. Heute darf man sie mit Recht nicht als Haustiere halten. Damals jedoch war es anders. Der Tierarzt kurierte den Flügel, er blieb aber trotzdem flugunfähig und zu jener Zeit gab es, im Unterschied zu heute, noch keine Pflegezentren und auch die Gesetze waren anders. Hast du gemerkt, dass wenn uns bei unseren Waldspaziergängen ein Eichelhäher sieht, er seinen Ruf ausstößt, auch wenn wir noch weit entfernt sind? Es ist sein Warnruf und dieser macht alle Tiere in der Umgebung hellhörig. Darum nennen wir ihn den Wächter des Waldes. Ich glaube nicht, dass er damit die anderen Tiere alarmieren will, bin aber sicher, dass die anderen Tiere diesen Ruf erkennen und auf Habtachtstellung gehen. Wie ich schon sagte, hat er auch ein gutes Gedächtnis, er verbringt nämlich seine Zeit mit dem Verstecken von Vorräten,

auf die er dann in mageren Zeiten zurückgreift; er versteckt sie im Erdboden und in der Rinde einiger Bäume. Ich erinnere mich nicht genau, vor vielen Jahren aber habe ich eine Studie gelesen, wo von der Quote der wiedergefundenen Vorräte die Rede war. Sie ist ziemlich hoch, um die 70%, und da er sehr viel versteckt, findet er auf jeden Fall genug wieder. Kommen wir aber zum Ameisenhaufen zurück. Der Eichelhäher nimmt gern ein Ameisenbad und soweit man sehen kann, tut er es mit großer Begeisterung. Um die roten Ameisen anzustacheln, scharrt er als Erstes mit den Krallen im Haufen und wartet ihre Reaktion ab. In dieser Phase spreizt er leicht die Flügel, sodass sie den Boden berühren, dann beugte er sich ganz nach unten und streckt die Brust heraus, bis sie den Boden berührt. Die Ameisen reagieren auf den Angriff des Eichelhähers, indem sie auf ihn steigen und zur Verteidigung Ameisensäure versprühen. Die Säure hat eine desinfizierende Wirkung gegen Milben und befreit somit den Eichelhäher von diesen Parasiten. Diese Säure wird auch von den Bienenzüchtern verwendet, um eine Milbe zu bekämpfen, die die Bienenstöcke zerstört, nämlich die Varroamilbe. Wir können sagen, dass der Eichelhäher im Lauf seiner Evolution diese interessante Methode gefunden hat, um sein Federkleid glänzend und gesund zu erhalten.“
„Er ist schlau!“
„Er ist ein Rabenvogel und die Rabenvögel haben den anderen etwas voraus. Weißt du, dass in vielen Gegenden der Erde die Raben mit den Wölfen wandern und die Wölfe mit den Raben?“
„Warum?“
„Die Wölfe beobachten die Raben, sie wissen, dass es

dort, wo viele Raben herumfliegen und krächzen, wahrscheinlich einen Kadaver gibt, und die Raben folgen den Wölfen, weil die wahrscheinlich ein Tier reißen und danach einen Kadaver hinterlassen. Beide schlau, nicht wahr? Sie sind auch sehr mutig, Eichelhäher, Elstern (*Pica pica*), Krähen (*Aaskrähen* und *Nebelkrähen*) und Kolkraben (*Corvus corax*) greifen oft auch Greifvögel an, die viel größer sind als sie selbst, sogar Adler. Sie gewinnen jedoch nicht immer und gegen alle. Wenn du den Kadaver eines Eichelhähers oder einer Elster findest, ist der Hauptverdächtige der Habicht (*Accipiter gentilis*), ein Greifvogel, der darauf spezialisiert ist, die Beute auch im dichten Wald zu verfolgen; er fängt sie im Tiefflug dicht über dem Boden. Normalerweise findest du das Gefieder und die beiden Flügel auf dem Boden neben einem Baumstumpf. Er frisst sie auf dem Boden oder auf einem niedrigen Ast. Nur wenn sie Jungen haben, bringen sie die Beute direkt den Nesthockern und fressen im Nest. Apropos Elstern, weißt du, warum man sie diebisch nennt?"
„Tati du redest zu viel, ich habe dich gefragt, wer dieses Loch im Ameisenhaufen gemacht hat, und du erzählst mir von Greifvögeln, die Diebe erjagen ..."
„Du hast recht, und dabei beklagen sich viele, dass ich nie rede."

In all diesen Jahren habe ich, zuerst allein, dann mit Nicolas, viele Vögel auf Ameisenhaufen beobachtet; für viele sind sie ein richtiger Selbstbedienungsladen und für andere ein Wellnessbad im Wald. Als begeisterter Beobachter von Tierspuren möchte ich noch herausfinden, ob es einen eindeutigen, erkennbaren Unterschied bei den Eingriffen und bei den Spuren gibt,

die Schwarzspecht und Grünspecht an den Ameisenhaufen hinterlassen, und ob sie beim Graben auf unterschiedliche Art und Weise vorgehen.

Eine weitere Aufgabe, die zu lösen ist.

Empfehlung:
Kenneth Catania, *Adattamenti meravigliosi* (Orig.
Great Adaptions).

XX

Haustiere

Den ganzen Samstagvormittag waren Nicolas und ich dabei, das Gehege für die Wachteln fertigzustellen. Ich hatte mir vorgenommen, in diesem Buch nicht über Haustiere zu sprechen, doch um das eine oder andere Beispiel komme ich nicht umhin.

„Tati, sind wir fertig?"

„Nicht ganz, es fehlt noch das Oberteil."

Alles ergibt sich aus der ‚komplizierten' Beziehung zwischen Haus- und Wildtieren und jener der Züchter mit Letzteren.

„Wir haben eine Festung gebaut, die jedem Feind trotzt, Tati!"

„Es sind keine Feinde, es sind Opportunisten, für sie sind unsere Tiere ein bequemer und gut bestückter Selbstbedienungsladen. Deshalb ist es unsere Aufgabe, unseren Haustieren ein sicheres Leben zu garantieren. Wir sind ein bisschen wie Eltern, wir müssen fürsorglich und aufmerksam sein, doch im Unterschied zu euch Kindern, die ihr eines Tages erwachsen, selbstständig und weitsichtig sein werdet, bleiben die Haustiere immer so und haben zudem in einem Gehege oder einem Käfig keinen Ausweg. Instinktiv sind sie auch viel weniger auf Beutegreifer vorbereitet, für einen Wolf sind Schafe in einem Gehege, ebenso wie für den Fuchs die Hühner in einem Hühnerstall, eine Einladung zu einem reich gedeckten Tisch. Darum, mein Lieber, stellen wir sicher, dass sie geschützt sind. Maschennetze, die für das Wiesel – ein sehr kleines Tier – undurchdringlich sind, ein mindestens 50 cm tief in den Erdboden versenktes Netz gegen den Wolf, und auch oben machen wir zu, denn Steinmarder, Marder und Wiesel sind gute Kletterer. Und dann die Gefahren, die vom Himmel kommen, nicht zu vergessen die Greifvögel. Der Mensch muss seine Mentalität ändern und schützen, ohne die Beutegeifer zu unterdrücken. Es ist zu einfach, das Problem auf diese Weise aus dem Weg zu räumen, wir haben viele Alternativen, und wenn wir uns schon rühmen, das intelligenteste Lebewesen zu sein, wäre es an der Zeit, dies zu beweisen, indem wir Vorbeugungsmaßnahmen umsetzen, die nicht immer und nicht ausschließlich in Blei bestehen.“

„Ich habe verstanden und stimme dir zu, doch viele sagen, die Steinmarder seien nicht gefährdet und auch nicht die Wölfe, es gebe viele auf der Welt und wenn es in einigen Gebieten keine gebe, sei das kein Problem, sie seien keineswegs vom Aussterben bedroht.“

„Richtig, sie stehen nicht vor dem Aussterben, in einigen Gegenden aber wurden sie ausgerottet. Weißt du, Nic, gerade aus diesen Diskursen versteht man, dass die Person, mit der du sprichst, überhaupt keine Ahnung von Ökologie hat. Halte das Netz fest, damit es nicht hinunterfällt, ja, gut so. Also, wenn du in einem Gebiet eine Art entfernst, die dort heimisch war, schaffst du ein Ungleichgewicht. Egal, ob es sich um einen Bären oder ein Insekt handelt, abgesehen von ihrer Größe oder Anzahl, die uns groß oder klein erscheinen mag. Tatsache ist, dass sie Teil eines Ökosystems ist und eine spezifische Rolle spielt, auch wenn diese den meisten nicht immer klar ist. Ich habe bewusst Rolle und nicht Zweck gesagt, niemand hat in diesem Fall einen Zweck, aber jeder besetzt einfach eine Nische und steht in Beziehung mit anderen Organismen und der Umwelt. Darum genügt es nicht, dass dieses Tier in einem anderen Gebiet, einer anderen Region, einem anderen Staat oder gar Kontinent vorkommt, es fehlt einfach dort, wo es vorher präsent war, und somit hat die Kette eines ihrer Glieder verloren. Es kommt zu Ungleichgewichten, manche Arten verbreiten oder vermehren sich zu stark, einige Arten sind nun zu stark vertreten und fügen anderen Tieren oder der Flora Schaden zu und so weiter. Weißt du, was dann passiert? Dass das Genie, das jenes Glied aus der funktionierenden Kette entfernt hat, sich zum Retter des Vaterlandes aufschwingt und nicht nur den Platz des eigenen Ringes, sondern auch den des fehlenden einnehmen will und noch mehr Schaden anrichtet.

Traurig, aber wahr. Der Unterschied zwischen Rolle und Zweck ist der, dass der Zweck der Tiere das Überleben ist und die Erhaltung der eigenen Art zum Ziel hat, praktisch die eigenen Fitness. Noch etwas: Die Haustiere brauchen nicht nur Sicherheit und Schutz, sie müssen auch so ernährt werden, dass die Wildtiere nicht auf sie zugreifen. Es ist sinnlos, überall Futter zu hinterlassen und sich dann über die Präsenz von Wildtieren zu beklagen, also ist die Arbeit für heute noch nicht getan, wir müssen den Kompost bombensicher machen, ich habe gesehen, dass sich der Dachs Zugang verschafft."
„Ein echter Schlaumeier."

XXI
Großstadtlegenden

Es war bei Tagesanbruch, vielmehr kurz davor, und ich war mit meinem Sohn in den Bergen unterwegs; wir hatten gerade das Auto abgestellt und wanderten auf dem Forstweg, der zum neuen Steig führte. Wir wollten die Lichtung vor Tagesanbruch erreichen und waren etwas spät dran, ungefähr 20 Minuten.
„Tati, hast du etwa keine Angst nachts im Wald?"
„Nein, Schatz, ich habe viele Nächte damit verbracht, Tiere zu beobachten, das weißt du doch."
„Ja, aber fürchtest du dich nicht vor dem Wolf?"

Das war eine jener Bemerkungen, die ich am öftesten zu hören bekam, Nicht von Kindern, sondern von Erwachsenen, und meistens fragten sie mich nach Wolf und Bär. Ich habe bemerkt, dass sich die Leute üblicherweise mehr vor dem Wolf als vor dem Bären fürchten und dass ihnen oft Schlangen, Spinnen, Skorpione und Wespen Angst einjagen. Tiere, über die sie wenig wissen oder überhaupt nichts wissen. Woher kommt denn diese ganze Angst vor dem Wolf? Es ist eine Angst, die häufig auf unsere Kindheit zurückgeht und ihren Ursprung in den Puppen und Märchen hat. Jedem Kind schenkt man einen Teddybären und jedem Kind erzählt man das Märchen von Rotkäppchen oder den drei kleinen Schweinchen und viele andere Märchen mit dem bösen Wolf. Im Grunde finde ich die Angst vor dem Bären weniger absurd als die vor dem Wolf. Der Wolf ist ein scheues Tier, das dem Menschen aus dem Weg geht und sich, wenn möglich, nicht sehen lässt. Das heißt nicht, dass er sich bei seinen Erkundungen oder seinen Streifzügen auf der Suche nach neuen Revieren nicht den Häusern nähert; dabei kann er durchaus Dörfer und besiedelte Gebiete durchqueren. Auch für ihn sind Tiere aus Zuchtbetrieben und unbewachte Haustiere ein gefundenes Fressen. Auch ein im Freien gelassener und womöglich sogar angeketteter Hund ist eine leichte Beute, der Mensch dagegen ist für ihn ein Raubtier und er geht ihm aus dem Weg.

Natürlich, eine unvorhergesehene Begegnung kann ihn überrumpeln und er kann kurz stehen bleiben, um dich zu beobachten, besonders wenn er sich in einer Gegend befindet, die er nicht gut kennt; in diesem Fall haben sie oft Angst und überlegen gut, ob sie fliehen sollen und in welche Richtung. Oft wird man auch nicht als menschliches Wesen wahrgenommen, wenn man am Steuer sitzt, und somit haben sie keine Angst. In diesem Fall kann man sie lange beobachten, sobald man aber die Tür öffnet und aus dem Wagen steigt, flüchten sie.

In Europa gibt es keine Meldungen über Menschen, die in den letzten 200 Jahren von Wölfen angegriffen wurden, ich spreche von bestätigten Meldungen. Vorher hat es dokumentierte Angriffe gegeben, das waren aber tollwütige Wölfe, und in so einem Fall würde auch ein Hund oder Fuchs aggressiv reagieren, zum Glück aber gibt es derzeit keine Tollwut in unserer Gegend. Andere kleine Unfälle hat es gegeben, doch immer nur mit Personen, die versucht haben, sie mit ungeschickten Methoden zu verjagen.

Seit Jahren bin ich auf der Suche nach ihren Spuren, oft bin ich auf ihre Fährten gestoßen, auf ihre Losungen und auch auf Prädationsspuren, doch sie selbst zu Gesicht zu bekommen ist tatsächlich ein Unternehmen. Sie haben einen hervorragenden Gehör- und Geruchssinn und ein gutes Auge. Sobald sie dich wahrnehmen, fliehen sie. Bein Bären dagegen verhält es sich etwas anders, er wird aus den Gründen, die ich vorher erwähnt habe, akzeptiert; seit Kindertagen ist er nämlich unser Teddybär. Auch in den Zeichentrickserien aus den Zeiten des Yogi Bären bis zum jüngeren Masha Bären; der Bär wird immer als gutmütiges Tier dargestellt.

Tatsächlich ist auch der Braunbär (unser europäischer Bär) ein scheues Tier, dessen Kost zum Großteil aus pflanzlichen Komponenten besteht. Seine Nahrung setzt sich zu 65-70% aus Pflanzen zusammen, 15-20% sind Hautflügler, andere Insekten und verschiedene Gliederfüßer, 1-2% Weichtiere (Schnecken), die restlichen 5-8% setzen sich aus anderen Bestandteilen zusammen (Fleisch, Honig, Fisch). Das Fleisch stammt überwiegend von Gerippen oder stark geschwächten Tieren und davon ernährt er sich hauptsächlich im Frühling, nachdem er aus dem Winterschlaf erwacht ist. Über den Zeitpunkt sollten wir uns gar nicht wundern, im Frühling kann man nämlich leicht viele Gerippe von Tieren finden, die dem Winter zum Opfer gefallen sind. Niedrige Temperaturen, ausgiebige Schneefälle und Lawinen fordern viele Opfer im Gebirge.

Wie viele andere fleisch- und allesfressende Säugetiere sowie zahlreiche Rabenarten und andere Vögel, verrichtet der Bär die Arbeit eines Waldreinigers. Der Bär kann durchaus Bienenstöcke zerstören und unbewachte und schlecht geschützte Haustiere reißen, die oft nicht genug Fluchtwege haben; der Bär ist aber nicht so sehr ein Beutegreifer als vielmehr ein Opportunist. Im Lauf des Jahres hingegen ändert sich seine Kost; er muss nämlich an Gewicht für den bevorstehenden Winter zulegen und mit dem Vergehen der Monate konzentriert er sich auf Nahrung, die seine Fettmasse erhöhen kann. Von August/September bis Spätherbst sucht er nach Bucheckern, Eicheln, Kastanien, alles kalorienreiche Nahrungsmittel.

Ist der Braunbär denn gefährlich? Der Braunbär hat einen außergewöhnlichen Geruchssinn und ein gutes Gehör, und wenn er ein menschliches Wesen hört, entfernt er sich. Er könnte schlafen oder fressen und deshalb unaufmerksam sein, in diesem Fall könnten wir ihn überraschen und andere Verhaltensweisen in ihm hervorrufen. Normalerweise entscheidet er sich für die Flucht, wenn er aber beim Fressen ist, könnte er uns auch auffordern, uns zu entfernen. Man muss wissen, dass der Bär nicht gut sieht und dass er, wenn er sich aufrichtet, dies tut, um uns besser zu sehen. Sich auf die Hinterfüße zu stellen ist kein Angriffssignal. Der heikelste Moment ist wahrscheinlich die Begegnung mit einem Weibchen mit Nachwuchs, insbesondere wenn man sich zwischen dem Muttertier und seinen Jungen befinden sollte. Was sollen wir tun, wenn wir einem Bären begegnen? Die Verhaltensleitlinien geben praktisch alle die gleichen Ratschläge. Wenn man sich in einer sehr günstigen Entfernung befindet, besteht keine Gefahr, man kann ihn problemlos beobachten oder sich entfernen. Handelt es sich um eine nahe Begegnung, in einer Entfernung von wenigen Metern, muss man ruhig bleiben und ihn auf unsere Anwesenheit aufmerksam machen, indem wir ruhig mit lauter Stimme sprechen. Normalerweise entfernt er sich, tut er das nicht oder begegnet ihr einem Jungen, müsst ihr euch ruhig entfernen, ohne ihm, wenn möglich, den Rücken zuzukehren; wie gesagt, die Begegnung mit Jungtieren ist die einzige wirklich kritische Situation. Wenn man sich entfernt, dann ruhig und niemals davonrennen, es sollte ihm immer ein Fluchtweg bleiben. Sollte sich der Bär aggressiv verhalten (nicht, wie gesagt, wenn er sich aufrichtet), macht er das gewöhnlich nur, um Angst einzujagen und die Leute zu verscheuchen, in diesem Fall bewegt er sich ruckartig auf die Person zu, ohne sie je wirklich zu erreichen.

Bei einem tatsächliche Angriff empfehlen die nordamerikanischen und osteuropäischen Leitlinien folgende Verhaltensweisen:
- Gegenstände vor sich hinlegen, Korb für die Pilze, Trekkingstöcke, Ausrüstungsgegenstände;
- sich zusammengekauert auf den Boden legen und den Kopf mit den Armen schützen.

In meinem Leben bin ich auf viele Spuren gestoßen, auf Fell, Fährten, Losungen, umgestürzte Blöcke (auf der Suche nach Schnecken und Insekten), es ist mir auch gelungen, ihn einige Male mit Fotofallen zu filmen, live aber habe ich ihn noch nie gesehen. Wie gesagt, wenn er kann, geht er den Menschen aus dem Weg. Jemand, der normal im Wald oder auf einem Steig unterwegs ist, verursacht genug Lärm, sodass er ihn hört und sich entfernt. Zu vermeiden ist allerdings, die Grotten zu betreten, in denen er den Winterschlaf verbringt (er hält keinen Winterschlaf, wird also gestört und wacht auf), und wenn man im Wald zeltet, sollte man die Vorräte nicht im Zelt oder in der Nähe deponieren. Besser, man hängt sie in gebührender Entfernung an einem Baum auf. Wie wir in den Märchen gesehen haben, müssten die Rollen umgekehrt werden. Ich habe viele Nächte im Wald verbracht und das einzige unberechenbare Tier für mich war ein streunender oder jedenfalls unangeleinter Hund. Die Haustiere haben jene natürliche Angst vor dem Menschen verloren und sind für mich unberechenbar. Kein Wolf hat mich jemals angeknurrt oder ist mir nachgerannt, ich kann aber eine endlose Liste von Hunden erstellen, die mich angeknurrt haben, wenn ich in der Stadt unterwegs war. Gerade die Anwesenheit eines Hundes kann das Verhalten des Wolfes oder des Bären uns gegenüber verändern. Ein freilaufender Hund könnte von beiden verfolgt werden und seine Flucht in Richtung Herr könnte dazu führen, dass ihm der Wolf oder der Bär folgt. Aus diesem Grund, und nicht nur weil gesetzlich vorgeschrieben, sollte der Hund an der Leine geführt werden, wenn man im Wald und im Gebirge unterwegs ist. Hunde können nicht nur Bären oder weitere Wölfe anziehen, sie können auch Wildtiere hetzen, zur Erschöpfung treiben und töten. Zu ihren Opfern zählen häufig Rehe. Für wie zahm und brav ein Hund von seinem Herrn auch gehalten werden mag, das Wesen ändert sich oft unerwartet, wenn der Instinkt bei Anwesenheit eines Wildtieres zutage tritt.

Andere Märchen hören wir dagegen ständig von Schlangen und sämtlichen Insekten mit Stachel, ausgenommen die Bienen. Auch wenn der Stich der Bienen giftiger ist als jener der Wespen. Ich denke, auch hier hat das Fernsehen mit der Biene Maja und dem köstlichen Honig die Dinge ein wenig geändert. Ich habe mehrere Schlangenarten, die meinen Garten aufsuchen, an einem Sommer gab es Jungen von Ringelnattern (*Natrix helvetica*) und eines war aus Versehen in den Lagerraum geschlüpft. Ich hob es auf ließ es von meinen Kindern, die damals vier und sechs Jahre alt waren, berühren und halten. Ich habe etwas gegen das Manipulieren von Wildtieren ohne triftigen Grund, da ich es nun aber aus dem Lager hinausbringen musste, packte ich die Gelegenheit beim Schopf. Meine Kinder wussten bereits, dass es in Südtirol nur drei giftige Schlangenarten gibt, alle drei gehören zur Familie der Vipern: Kreuzotter, Aspisviper und Hornotter (*Vipera berus*, *Vipera aspis* und *Vipera ammodytes*); auch im restlichen Italien sind ebenfalls die Vipern die einzige für den Menschen gefährliche Giftschlangenart. In Südtirol haben wir außerdem weitere fünf harmlose Schlangen, zwei Wassernattern (*Natricidae*), nämlich Barrenringelnatter und Würfelnatter (*Natrix helvetica* und *Natrix tessellata)* und drei Nattern (*Colubridae*), und zwar die Gelbgrüne Zornnatter, die Schlingnatter und die Äskulapnatter (*Hierophis viridiflavus*, *Coronella austriaca* und *Zamenis longissimus*).

Eine giftige Schlange von einer harmlosen zu unterscheiden ist für ein einigermaßen geübtes Auge in Südtirol ziemlich einfach. Am leichtesten festzustellen sind die ellipsenförmige Pupille, die nur die Vipern haben, und die Schuppen an der Oberseite des Kopfes; die Vipern haben viele kleine Schuppen, die anderen Schlangen wenige und große sowie einen Schwanz. Der Schwanz der Vipern ist kurz und verjüngt sich sehr schnell, das verleiht ihnen ein viel gedrungeneres Aussehen. Außerdem sind sie klein, die größten Vipern werden kaum länger als 70 cm. Somit braucht man vor jeder über einen Meter langen Schlange absolut keine Angst zu haben. Wie bei vielen anderen Tieren, ist auch bei den Schlangen, wenn sie einem Menschen begegnen, die erste Reaktion die Flucht. Doch auch sie können in bestimmten Situationen überrascht werden. Gewöhnlich geschieht das, wenn sie zu kalt haben, sie sind wechselwarm und wenn sie also Temperaturregulation betreiben, können sie weniger aktiv und reaktiv sein; andere heikle Momente sind Geburt, Nahrungsaufnahme und Paarung. In diesen Situationen könnte es passieren, dass man auf eine Schlange tritt, die mit einem Biss reagieren könnte. Die Bisse der harmlosen Schlangen hinterlassen höchstens viele kleine Zeichen, die von vielen kleinen Zähnen herrühren. Die Form entspricht dem Mund, sie erinnert an ein U. Vipernbisse hinterlassen hauptsächlich ein oder zwei etwas deutlichere Einstiche im Abstand von ungefähr 1 cm, meist weniger. Die anderen Zähne sieht man kaum oder überhaupt nicht, besonders wenn sie dort gebissen hat, wo wir bekleidet waren. Zu sagen ist, dass ungefähr 30% der Vipernbisse trockene Bisse sind, das heißt, die Schlange injektiert kein Gift. Denn sie weiß sehr wohl, dass wir keine Beute sind, deshalb wäre die Giftinjektion eine Verschwendung. Für sie ist die Giftproduktion sowohl ein energetischer als auch zeitlicher Aufwand und sie könnte keines zur Verfügung haben, wenn sie es wirklich braucht. Außerdem ist zu sagen, dass das Gift unserer Vipern normalerweise nicht tödlich ist, außer bei

Vorerkrankungen, Allergien (das gilt aber auch für Bienen, Haselnüsse und so weiter) oder Kleinkindern.

Sollte man gebissen werden, muss man Ruhe bewahren, die Wunde mit Wasser reinigen und einen Verband vom Bereich des Bisses in distaler Richtung und dann zurück zum proximalen Bereich der Extremität anlegen. Danach wählt man den Notruf und sucht das nächste Krankenhaus auf. Darüber hinaus ist zu beachten: KEINEN Alkohol trinken, KEINEN Einschnitt machen und NICHT an der Wunde saugen, das Antiserum NICHT injizieren, außer das Krankenhaus ist viele Stunden weit entfernt, KEINEN Druckverband oder Stauschlauch oberhalb der Wunde anlegen, NICHT mit Alkohol desinfizieren, KEINE schmerzstillenden oder entzündungshemmenden Mittel einnehmen, die betroffene Extremität NICHT hochhalten. Das alles dient dazu, das Auftreten der Symptome um einige Stunden zu verzögern, damit man rechtzeitig das Krankenhaus erreicht, wo man fachgerecht behandelt wird. Bei Bissen von harmlosen Schlangen genügt es hingegen, die Wunde einfach zu desinfizieren.

Für mich ist wesentlich, dass meine Kinder keine unbegründeten Ängste haben, sie sollen aber auch keine ahnungslosen, leichtsinnigen Wesen sein, darum will ich, dass sie, wenn sie im Wald und im Gebirge unterwegs sind, sich nicht nur richtig verhalten und angemessen ausgerüstet sind, sondern auch über die anwesenden Tiere und Pflanzen Bescheid wissen. Es wäre dumm, eine Viper zu erkennen und dann wegen eines falschen Schuhs auszurutschen oder sich mit einer schönen roten Beere zu vergiften. Ich möchte einige

Großstadtlegenden widerlegen: Die Schlangen laufen einem nicht nach, haben einen Angriffsradius von etwa einem Drittel ihrer Länge, also sind wir bei den Vipern in einem Abstand von 1 m mehr als sicher. Wenn ihr noch unbesorgter sein wollt, rate ich euch, Bergschuhe anzuziehen, fest aufzutreten und eventuell einen Stock zu benutzen, um damit den Boden einen halbe Meter vor euch abzutasten.

Ich erinnere daran, dass in Europa alle Schlangenarten von Gesetz wegen geschützt sind und dass derjenige, der eine tötet, strafrechtlich verfolgbar ist. Ich kann verstehen, dass sie nicht allen gefallen, dass viele Angst haben können, man kann sie aber meiden, indem man an ihnen vorbeigeht, ohne sie zu töten. Sie sind im Gegenteil zu dem, was man denkt, ein wichtiger Mosaikstein unserer Ökologie und wegen der Einschränkung ihrer idealen Habitate, der Straßen, auf denen sie vielfach überfahren werden, der Mäusegifte, die sie beim Erbeuten verschiedener Kleinsäugetiere aufnehmen (das passiert auch vielen Greifvögeln), und natürlich wegen willentlicher Tötung leider in drastischem Rückgang begriffen.

In verschiedenen spezialisierten Social-Media-Gruppen werden täglich Dutzende getötete Schlangen gezeigt, mit dem Ersuchen um Identifizierung. Sie werden mit Stöcken, Gabeln, Schaufeln erschlagen, was am meisten traurig macht ist, dass du, wenn du wirklich Angst hast, dich entfernst und dich keiner Gefahr aussetzt. In mehr als 90% der Fälle sind es harmlose Schlangen, ab und zu sogar Blindschleichen (fußlose Eidechsen), die zu ihrem Pech mit Schlangen verwechselt werden. Praktisch klagen sie sich selbst an, da, wie gesagt, das Töten von Reptilien und Amphibien in Italien und Europa eine Straftat ist. Die Unwissenheit benutzt die Phobie als Alibi; wenn du aber Angst hast, läufst du davon, du stellst dich ihr nicht. Es ist einzig und allein die Unwissenheit. Was fehlt, ist ein Schulfach, auch nur im Umfang von wenigen Stunden, wo man diesen Burschen die Natur tatsächlich nahebringt; das Wissen befreit uns von Angst und Unwissenheit. Ein bisschen wie bei den Hautflüglern. Es kann nicht sein, dass sich die Anschauung durchsetzt, die Biene sei gutartig, Wespen und Hornissen bösartig. Alle bestäuben, alle stechen, wenn sie angegriffen werden, der Stich der Biene ist aber giftiger als jener der beiden anderen. Wenn du einem Nest zu nahe kommst, verteidigen es alle; man braucht nur einen Imker zu sehen, warum wohl kleidet er sich wie ein Tiefseetaucher? Weil er es als reizvoll empfindet? Sicher, die Wespen nähern sich häufiger unseren Tellern, das hat aber mit ihrer an den Lebenszyklus gebundenen Ernährung zu tun; diese unterscheidet sich von jener der Bienen.

Die Wespen sind nämlich an Proteinen für ihre Larven interessiert. Unseren Getränken nähern sich hingegen beide, besonders in Trockenzeiten. Wenn man aber nicht erschrickt und nicht versucht, sie zu erschlagen, nimmt sich die Wespe ihre Dosis und verschwindet. Wenn man sie jedoch angreift oder schlimmer, sie erschlägt, scheidet sie zu ihrer Verteidigung Pheromone aus, die andere Wespen anlocken. Auch die Bienen können sie absondern, und zwar um ihren Schwarm auf eine Gefahr aufmerksam zu machen. Ich will damit nicht sagen, dass man alles nicht so ernst nehmen soll, es genügt aber, die Tiere, ihre Verhaltensweisen zu kennen und zu respektieren, zu wissen, wie man ihnen aus dem Weg gehen oder eine Reaktion ihrerseits vermeiden kann.

Angst führt gewöhnlich dazu, dass man sich in bestimmten Situationen und in der Natur falsch verhält und unüberlegt handelt. Ich versuche meinen Kindern möglichst viele Kenntnisse zu vermitteln, indem ich ihnen vieles erkläre und ihnen viele Beispiele zeige. Natürlich wurden wir von Bienen und Wespen gestochen, meistens wenn wir Früchte vom Boden auflasen, ohne zu merken, dass sie daran fraßen, doch wir haben keine Angst davor. Was die Spinnen betrifft, habe ich ihnen erklärt, dass es davon in Südtirol nur eine wirklich giftige gibt und insgesamt zwei in Italien, und wir haben sie untersucht. Wir wissen, dass es noch welche gibt, die beißen und ziemliche Schmerzen verursachen können, wir wissen aber auch, dass der größte Teil davon für den Menschen ungefährlich ist. Wir wissen, dass man, um einen Biss abzubekommen, in den meisten Fällen alles daransetzen muss. Sie wissen, dass unsere Skorpione nicht gefährlich sind, dass sie aber stechen können und dass ihre Wirkung normalerweise höchstens einem Bienenstich gleichkommt; sie wissen, dass man den Biss beobachten muss und dass es nie falsch ist, einen Arzt anzurufen. Ich will nicht, dass sie in Angst leben und ich will nicht, dass sie auf ein Leben in der Natur verzichten.

Ich will, dass sie weder ängstlich noch leichtsinnig sind und um das zu vermeiden, gibt es nur das Studium, die Theorie und die Praxis.
„Weißt du, wem du nicht trauen darfst, Nicolas? Den Rehen. Es ist sehr selten, doch ein Reh tritt dir nicht wie eine Ziege entgegen, bei der du gleich verstehst, was sie

vorhat; nein, es kommt näher, gutmütig, lehnt sich beinahe an dich, und dann spießt es dich mit seinem Geweih auf, wenn du überhaupt nicht darauf vorbereitet
bist. Darüber gibt es Untersuchungen, seit den Zeiten
von Lorenz. In einem seiner Bücher, ich glaube es war
„Er redete mit dem Vieh, den Vögeln und den Fischen"
(engl. Orig.: *King Solomon's Ring*) hat er das ‚hinterlis-
tige' Verhalten des Rehs beschrieben. Darin erklärte er
auch, dass höher entwickelte Tiere nur selten Artgenossen töten. Das ist dagegen bei dümmeren Tieren wie
Turteltauben, Hühnern und anderen der Fall."

„Tati, gestern haben wir einen Dokumentarbericht über
jene Affen gesehen, die aussehen wie Schimpansen
(die Bonobo - *Pan paniscus*), und mich haben einige
ihrer Vorgehensweisen sehr beeindruckt. Die Mimik,
ihr Lachen, wie sie ihr Junges im Arm halten, als ob
sie es wiegten, so wie wir."
„Nicolas, das ist normal, du hast selbst viele Tiere im
Wald gesehen und beobachtet. Wir haben gesehen, wie
die Wolfsmutter mit ihren Kleinen spielt und sie zu-
rechtweist, wenn es notwendig ist, so wie ich es mit dir
mache. Wir haben gesehen, wie die Männchen vieler
Arten eine Show abziehen, um ein Weibchen zu erobern, so wie wir Burschen es oft tun, wir haben die
Wölfe studiert und gesehen, dass es ab und zu einen
Omegawolf gibt, über den alle herziehen; das kommt
auch bei einigen Arten von Herdenvögeln vor und es
passiert auch in der Schule mit dem einen oder anderen
armen Kameraden."
„Das war auch bei unseren Wachteln der Fall!"
„Genau. Es gibt Tiere, die sich schämen, nachdem sie
einen Zweikampf um ein Weibchen oder um den Status

eines Alphatiers verloren haben, und sich entfernen, ihre Dreistigkeit verlieren; auch für den Rest ihres Lebens. Andere sind beleidigt, und zwar nicht nur unter den Haustieren. Manche betrügen den Partner und bei einigen Arten kann das, wenn der Partner es bemerkt, schlecht ausgehen. Es gibt Tiere, die Grooming gegenüber dem Partner oder jemand, der ihnen sympathisch ist, praktizieren."

„Stimmt, Tati, viele Tiere haben etwas Menschliches."
„Nein, wir sind es, die wir etwas von den anderen Tieren haben, doch wir fühlen uns ihnen überlegen und glauben, dass sie etwas von uns hätten. In Wirklichkeit haben wir einen gemeinsamen Vorfahren und eine sehr lange gemeinsame Geschichte hinter uns. Diese Verhaltensweisen und viel andere, viele unserer Reaktionen, stammen von diesen gemeinsamen Wurzeln her."
„Ich denke, ich habe verstanden. Kann ich dich noch etwas fragen?"
„Natürlich."
„Wir haben viele Tiere gesehen, Paare von Vögeln, auch von Dachsen, Füchsen, Steinmardern. Wir haben aber auch welche gesehen, die sich stritten und aneinandergerieten. Lieben und hassen sie sich wie wir?"
„Gute Frage, Schatz. Ich glaube, Liebe und Hass sind zwei menschliche Gefühle, zumindest in der Form, in der wir sie erleben und beschreiben. Ich kann nicht wissen, was ein Tier, das anders ist als wir, tatsächlich empfindet, ich kann aber sehen, ob es sozial oder aggressiv ist. Ich glaube wirklich, dass man von Soziabilität und Aggressivität sprechen kann, ob sie nun auf den Partner oder ganz allgemein auf Individuen der gleichen Art oder verschiedener Arten ausgerichtet

sind. Um die Liebe zwischen Tieren in Betracht zu ziehen, müsste man auch ihr Gegenteil akzeptieren, den Hass, und ich glaube nicht, dass ein Tier ihn verspürt, zumindest nicht in der Weise, wie wir ihn verstehen. Ihre Aggressivität ist an genau definierte Situationen gebunden, dann aber ist Schluss damit. Wir hassen eine Person, auch wenn wir sie nicht sehen, auch wenn sie womöglich am anderen Ende der Welt lebt und wir sie seit Jahren nicht mehr hören und sehen. Glaubst du, das kommt auch bei den Tieren vor und zermürbt sie, wie es bei uns der Fall ist?"

Empfehlungen zum Wolf:
Erik Zimen, *Der Wolf.*
David Mech, *Der weisse Wolf* und *Auf der Fährte der Wölfe.*
Luigi Boitani, *Dalla parte del lupo.*
Barry Lopez, *Lupi e uomini* (Orig. *Of Wolves and Men*).
Francesca Marucco, *I lupi delle Alpi Marittime.*

Empfehlungen zum Bär:
Fabio Osti, *L'orso bruno nel Trentino.*
Andrea Mustoni, *L'orso bruno sulle Alpi.*
Giorgio Boscagli, *L'orso.*
Hans Roth, Carlo Frapporti, *Leitfaden zur Identifizierung der Anzeichen für das Vorkommen des Braunbären.*

Sonstige:
Daniele Zovi, *Italia selvatica.*
Paola Fazzi und Emiliano Mori, *Mammiferi italiani, istruzioni per l'uso.*

XXII
Der vergessene Weg und das künstliche „Natürliche".

Unser Hausberg ist der Gantkofel, er ist Teil des Mendelkamms; nicht sehr hoch, der Gipfel liegt auf 1866 m ü. d. M. Er gehört zu den Nonsberger Alpen und befindet sich in den Südlichen Rätischen Alpen. Von Trentiner Seite ist er ziemlich leicht zu erreichen, von meinem Zuhause (Südtiroler Seite, Eppan) hingegen ist der Aufstieg ein echter Hatscher. Mein Haus liegt auf 600 m ü. d. M. und es gibt mehrere Wege, um auf den Gipfel zu gelangen, alle aber sind steil und außer einem führen alle über Scharten. Auch auf dem leichteste Steig geht es jedenfalls anhaltend steil bergauf. In meinem Leben habe ich alle bekannten Steige begangen, Furglauer Scharte, Neuer Weg, Kematscharte, Große Scharte, Gaider Scharte und Eisenstadt, ich wusste aber, dass es noch einen anderen Weg gab. Die Alten im Dorf sprachen davon, keiner aber konnte mir genau sagen, wo er verläuft. Dieser Weg heißt Bärenlöcher. Also beschloss ich, ihn zu suchen.

Angesichts der senkrechten Wand des Massivs kamen nur wenige Bereiche in Betracht, außer den bekannten Scharten blieben drei mögliche Anstiege übrig. Eigentlich erzählten mir die Alten auch von einem weiteren Aufstieg, der in Vergessenheit geraten war, die Fiebergurgel, doch wo der verlief, hatte ich bereits herausgefunden und wir sprechen später darüber. Also beschloss ich, den durch die Bärenlöcher zu suchen, und nach einigen erfolglosen Erkundungen fand ich ihn schließlich mit Hilfe eines angeheirateten Onkels. Es war eine sehr ausgesetzte Route, bei der entlang einer senkrechten Wand ein stark geneigter kleiner Stufengang in anspruchsvoller Steigung nach oben führte. Er war nicht sehr breit, an der breitesten Stelle etwa 3/4 Meter, ausgesetzt, zum Abgrund hin abfallend, an den engsten Abschnitten weniger als einen Meter breit. Dieses „Sträßchen" hat es jedenfalls einigen Bäumen und Pflanzen erlaubt, dort zu wachsen. Von Weitem sieht man eine riesige senkrechte Wand und einen Grünstreifen, der sich 45 Grad steil nach oben zieht. Bei der ersten Begehung habe ich festgestellt, dass einige Tiere, Füchse, Steinmarder und Gämsen diesen Anstieg häufig benutzten. Ihre Spuren, Losungen und Fährten ließen keinen Zweifel.

Die Aussicht ist großartig. Man sieht das ganze Überetsch; nur nicht in die Tiefe schauen. Ein Sturz wäre fatal. Schon bei der Hälfte des Aufstiegs hast du 200 m Luft unter den Füßen. Am Ende des Steiges sind noch 20 m zu überklettern. Du befindest dich nicht mehr im Überhang, sondern in einem engen Spalt, der so stark geneigt ist, dass du, wenn du den Kopf nach vorn streckst, mit der Nase die andere Wand berührst. Am Gipfel angekommen hast du das Gefühl, du seist fern von dieser Welt. Du sitzt auf dem Zahn, wie ich ihn nenne. Der Felsen sieht aus wie der untere Schneidezahn eines Pferdes. Die Natur, die dich umgibt, ist anders.

Wenn wir an einen natürlichen Wald denken, haben wir vielfach eine falsche Vorstellung. 90% oder mehr unserer Wälder sind nicht natürlich. Seit der Mensch kein Jäger oder Sammler mehr ist, hat er begonnen, den Wald zu verändern. In den letzten Jahrtausenden hat er sehr oft in den Wald eingegriffen und dessen Natur verändert. Ich will mich aber nicht damit aufhalten, wer an diesem Thema interessiert ist, dem empfehle ich ein ausgezeichnetes Buch von Hansjörg Küster, *Der Wald.* Dies ist jedenfalls ein Ort, wo der Mensch, zumindest direkt, nicht eingegriffen hat, auch wenn man den Einfluss der umliegenden Habitate wahrnimmt. Wenn ich auf diesem Riesenzahn sitze, muss ich unweigerlich an Küster und Stefano Mancuso denken, an ihre Bücher. Versunken in dieses kleine Stück Natur, schaue ich hinunter ins Tal und bemerke den offensichtlichen Kontrast. Hektar um Hektar Landwirtschaft, vielfach unter Hagelschutznetzen. Seit Jahren denke ich an die Belastung, die der Mensch wegen seiner Ernährung der Natur aufbürdet.

Ich will jetzt hier nicht auf das Thema Ethik eingehen, denn ich gehe davon aus, dass es die Ethik in der Natur nicht gibt, dass sie sich aber in den verschiedenen Kulturen häufig auf den religiösen Glauben und auch auf eigene Vorlieben und persönliche Anschauungen gründet. Schließlich sind wir nicht die einzigen Geschöpfe, die andere Geschöpfe ausnutzen, von den Wespen, die die Beute als Nahrungsvorrat für ihre Larven lähmen, zu anderen Gliederfüßern, die Weichtiere und andere Gliederfüßer parasitieren. Ganz zu schweigen von den verschiedenen Kasten bei den soziale Tieren. Das Thema ist jedoch, wie gesagt, ein anderes: keine Frage, die Zahl der Menschen nimmt unglaublich zu und in kürzester Zeit sind wir von 2,5 Milliarden im Jahr 1950 auf

7,5 Milliarden im Jahr 2015 angewachsen.

Heute, im Jahr 2022, zählen wir fast 8 Milliarden. Wir dürfen nicht glauben, dass Landwirtschaft und Viehzucht „Natur" oder „natürlich" seien, wobei letzterer Begriff heute groß in Mode und irreführend ist. In Wahrheit sind es Unmengen von Hektaren, die der Natur entrissenen werden und wo man ein Habitat verändert und durcheinanderbringt, mit einer drastischen Dezimierung der Biodiversität. Wie komisch es auch scheinen oder klingen mag, jedes der Natur entrissene Hektar, ob in Südtirol, in der Poebene, im Amazonasgebiet oder in Afrika, müsste intensiv genutzt werden. Wenn ich der Natur Land wegnehme, muss ich es bestmöglich nutzen und das Maximum herausholen. Dafür braucht es Technologien und Kenntnisse. Man muss sich in der Chemie auskennen, in der Physik, Ökologie, Botanik, Geologie, Meteorologie, Insektenkunde und vielen anderen Wissenschaften. Man kann nicht dem Amazonasgebiet ein Hektar Land entreißen, um zwei Zentner Kartoffeln oder vier Rinder zu produzieren. Ich weiß, dass man oft wieder in die Ethik verfällt, doch die intensive Produktion ist der einzige Weg, um alle zu tragbaren Kosten zu ernähren; indem man die für den Ernährungssektor bestimmte Oberfläche reduziert oder zumindest nicht vergrößert. Das heißt selbstverständlich nicht, die Leute zu vergiften. Wenn wir aber zu einer Landwirtschaft mit niedriger Produktion wechseln würden, wenn wir zu einer Viehzucht mit freilaufenden Tieren wechseln würden, hätten wir nie genug Land; es sei denn, wir würden Wäldern, Savannen und grasbewachsenen Ebenen weiteres, und nicht wenig, wegnehmen. Gewiss, die Entscheidung ist nicht leicht, auch mir gefällt die superintensive Haltung vieler Tiere ganz und gar nicht. Es gefällt mir aber auch nicht zu wissen, dass hektarweise Wald abgeholzt wird, um 20, 30 Kühe weiden zu lassen oder ein paar Zentner Dinkel zu produzieren.

Wir stehen vor einem großen Problem, vor schwierigen Entscheidungen, die häufig von Pseudowissenschaften oder kulturellen Indoktrinierungen beeinflusst sind. Wir werden getäuscht von Zertifizierungen, die Bezeichnungen wie Natürlich und Biologisch missbrauchen, um dank ihrer Zertifikate, die in Wirklichkeit nicht immer das sind, was wir denken, Kasse zu machen. Die meisten Leute, die ich kenne, denken, dass zum Beispiel keine Behandlungen durchgeführt werden, Was nicht stimmt. Man verwendet Kupfer, ein Schwermetall, oder natürliche Insektizide wie Pyrethrum, das überhaupt nicht selektiv ist und auch nützliche Insekten tötet: Marienkäfer, Schmetterlinge, Hautflügler und viele andere. Es ist ziemlich eindeutig, dass Landwirtschaft nichts anderes ist als ein Krieg zwischen Natur und künstlichem Anbau. Man braucht sich nur umzusehen um zu verstehen, dass in der Landwirtschaft nichts Natürliches ist; Pflanzen, die in jenem Gebiet normalerweise nie und nimmer gewachsen wären. Tatsächlich findest du in den meisten Fällen genau dieses Gemüse oder Obst in der Natur in einem bestimmten Gebiet nicht oder du findest einen alten Vorfahren davon.

Aus dem Anbau neuer Sorten, die im Labor genetisch verändert oder dank Kreuzungen im Verlauf der Jahrhunderte erzielt wurden, resultieren ertragreichere Pflanzen, die aber fast immer empfindlicher gegen kryptogame Erkrankungen, anfälliger für verschiedene Insekten und wenig klimaresistent (Kälte, Wärme, Trockenheit) sind. In der Landwirtschaft gibt es viel mehr genetisch veränderte Organismen, als man glaubt, und es gibt sie auch schon seit Jahrzehnten. Sie sind oft ein großes Fragzeichen, können aber, wenn sie bewusst eingesetzt werden, auch eine große Lösung sein, denn sie können den Bedarf an Wasser und an chemischen Behandlungen auch stark reduzieren. Sicher ist, dass wenn man die Landwirtschaft aufgibt, die Natur sich jene Räume mit Pflanzen, die für jenes Habitat geeignet sind, rasch zurückerobert; das zeigt, dass die Landwirtschaft ganz sicher nicht natürlich sein kann. Sie ist das Werk des Menschen, ein Kunstgriff, und deshalb gefällt mir das Wort natürlich nicht, wenn Landwirtschaft und Mensch im Spiel sind; ich weiß wohl, dass wir nicht die Einzigen sind, die etwas hervorbringen: Ameisen und Termiten bauen Ameisenhaufen und Termitenhügel, Vögel sind Ingenieure und Architekten beim Nestbau, andere Tiere graben Höhlen, die wie Bergwerke aussehen. Alle diese Wunderwerke gäbe es in der Natur nicht, wenn sie nicht irgendein Lebewesen geschaffen hätte, also ist entweder alles natürlich, was ein Lebewesen hervorbringt, oder nichts davon ist es.

Ich schweife ab und ich will auch nicht darüber reden, es bräuchte ein Buch nur über dieses Thema, das mir am Herzen liegt; denn in meinem Leben ist meine Arbeit eng mit der Landwirtschaft verbunden. Was ich verständlich machen möchte, ist, dass es die Landwirtschaft dank Wissenschaft und Technologie erlauben muss, mehr zu erzeugen. Unverfälscht, umweltverträglich und in großen Mengen. Wenn ich Land opfern muss, um Milliarden Meschen zu ernähren, möchte ich, dass diesen maximal genutzt wird. Auch weil Reichtum und Technologie die Bevölkerungsentwicklung gebremst haben; die Industrieländer bringen weniger Nachkommen hervor, manchmal wirklich wenige. Viele Völker und verschiedene Zivilisationen sind bereits vergangen und wir alle werden wahrscheinlich dahingehen. Deshalb glaube ich, dass wir an eine Obergrenze bei der Bevölkerungszahl kommen und dann langsam abnehmen werden. Das geschieht auch bei den Tierpopulationen, von den Insekten bis zu den Säugetieren. Man muss nur schauen, in welchem Zustand wir an diese Obergrenze kommen werden, in welcher Verfassung wir und unser lieber Planet dahin kommen werden.

Ich betrachtete das ganze Tal: das Überetsch, dann das Unterland und die Etsch, die wir dank Maria Theresa während der Habsburgerherrschaft zwischen ihre Dämme gezwängt haben. Früher war das alles Sumpf, Feuchtgebiet, wie man es heute nennt; ein Paradies für Vögel, Amphibien und andere Tiere, eine „Hölle“ für die damaligen Menschen, mit Stechmücken und wahrscheinlichen Krankheiten. Eine riesige Fläche, die man der Natur einfallsreich abgetrotzt hat, mit einer Umwälzung des Habitats und der Biodiversität. Dieses Opfer müssen wir zumindest anerkennen und honorieren, wir müssen den richtigen Weg finden, einen nachhaltigen und tatsächlich umweltverträglichen Weg: eine echte Umweltverträglichkeit und keine bequeme Werbelüge. Keine Frage, es sind umfassende Veränderungen, nicht immer auf Anhieb und einfach zu realisieren, oft auch nicht zu verstehen. Man kann aber auch etwas im Kleinen tun, zum Beispiel den eigenen Blumen- oder Gemüsegarten gut nutzen und genießen. Anstatt Trennunsgmäuerchen in Eisenbeton oder Metallzäunen würden Trockensteinmäuerchen oder eine Hecke genügen, das wären ein vorzüglicher Unterschlupf für viele Gliederfüßer, Vögel, Kleinsäugetiere, Reptilien und Amphibien. Setzt Blumen und Pflanzen ein, die Vögel anlocken, der schöne englische Rasen ist in Wirklichkeit oft ein toter. Wenn man die Möglichkeit hat, einen keinen Teich anzulegen, auch einen ganz kleinen, würde die Biodiversität stark zunehmen. Man kann kleine Lebensinseln inmitten eines Meeres aus Zement und Asphalt schaffen und so etwas von dem, was wir genommen haben, zurückgeben.

Auf jenem Zahn sitzend, glücklich, jenen Anstieg gefunden zu haben, betrachtete ich weiterhin mein Tal, meine Heimat und fragte mich, wohin uns die Wissenschaft mit ihren neuen Entdeckungen und ihren zu vielen und unterschiedlichen Lästerern bringen würde. Kommen wir zum wiedergefundenen Weg zurück, jetzt verstehe ich den Namen, den ihm die Einheimischen einst gegeben haben. Der Aufstieg ist steil und nach Osten ausgesetzt, es gibt einige Grotten mit kleinen Eingängen und nicht sehr großen Innenräumen, auf einer Höhe von 1500 m, der Schnee kann leicht von oben abrutschen und sie hermetisch verschließen, und so sind sie schließlich schwer zugänglich. Praktisch die richtigen Voraussetzungen für eine Bärenhöhle. Ich denke, ich war klug und vorsichtig, im Spätsommer hochzusteigen. Im Spätfrühling auf diesem schmalen Steig ohne Fluchtmöglichkeit einem Bären bei einem seiner ersten Ausflüge nach dem Winterschlaf oder womöglich sogar einem Weibchen mit Nachwuchs zu begegnen, dürfte wahrlich keine erfreuliche Situation sein. Es ist Zeit weiterzugehen, nach einem letzten Blick auf das Tal, und ich frage mich, wann wir uns endlich bewusst werden, dass nicht alles, was sie uns als green präsentieren, dann auch wirklich so ist.

Empfehlungen:
Hansjörg Küster, *Der Wald*.
Michael Shellenberger, *Apokalypse – niemals!*
Stefano Mancuso, *Pflanzenrevolution*.

XXIII
Ein Zeitvertreib als Arbeit

Nicolas und ich waren auf einer wunderschönen Schneeschuhtour unterwegs. In der Vorwoche war viel Schnee gefallen und die niedrigen Temperaturen der letzten Tage hatten ihn sehr hart werden lassen. Diese Hilfsmittel sind ideal, damit man nicht einsinkt und um die Wanderung zu erleichtern. Wir sind um 9.00 Uhr gestartet und nun war es Mittag. Nicolas verwendet zum Kochen gern den Camping-Gaskocher und so habe ich alles Notwendige in den Rucksack gepackt: Töpfe, Kocher, Nudeln, Sugo, Brot und Gewürze, die wir im Sommer im Garten gesammelt und hergerichtet hatten.
„Zieh Fleecejacke und T-Shirt aus, trockne dich ab und zieh trockene Sachen an oder du wirst krank. Gib mir die verschwitzten Sachen, ich hänge sie zum Trocknen auf."
Ich liebe diese Momente mit meinem Sohn, sowohl im Sommer als auch im Winter. Eine mitten im Wald improvisierte Küche, ein Baumstamm oder Wurzelstock als Tisch und Stuhl, kein Stress.
„Tati, unternehmen wir auch morgen etwas? Die Landschaft ist wunderschön!"
„Morgen kann ich nicht, ich arbeite, Schatz."
„Schade. Wie ist sie?"
„Was?"
„Die Arbeit."
„Kommt darauf an."
„Worauf?"

„Auf viele Dinge.“

„Warum lässt du es nicht bleiben und bleibst zu Hause?“

Ich lächle.

„Schön wäre es, doch es geht nicht. Um zu leben, muss man arbeiten. Es ist ein bisschen kompliziert zu erklären, aber um viele Dinge zu haben, muss man arbeiten. Unsere Welt, oder vielleicht sollte man besser sagen, unsere Gesellschaft ist auf Arbeit und Geld aufgebaut.“

Er sieht mich skeptisch an.

„Ich kann dir aber etwas sagen, vielmehr mehrere Dinge. Wenn man schon arbeiten muss, um zu leben, können wir wenigstens versuchen, eine Arbeit zu verrichten, die wir gern tun. Das ist nicht immer so, man kann es aber versuchen. Suche etwas, das du gern tust, und versuche es als Arbeit zu tun. Du gehst zur Schule, studierst und lernst eine Menge Dinge, liest viel und bist vielseitig interessiert, früher oder später wirst du ein Fach finden, das du lieber magst als die anderen. Es kann ein Handwerk sein oder eine Wissenschaft, eine Kunst oder vieles mehr. Tischlerei, Heilkunde, Maschinenbau, Malerei, Botanik, Baugewerbe, Geologie, es gibt Hunderte mögliche Arbeiten.“

„Kapiert. Mir gefallen Gesteine und Mineralien.“

„Ich weiß, diese Leidenschaft wird dir bleiben, vielleicht entdeckst du noch andere. Ich kann dir zweierlei raten. Versuche eine Arbeit zu verrichten, die dir wirklich gefällt, dann wird sie keine Last sein. Es wird nicht immer alles rosig sein, jede Arbeite hat ihre Schwierigkeiten, aber wenigstens tust du etwas, das dir gefällt.“

„Das Zweite?“

„Was?“

„Das Zweite, das du mir rätst! Hast du es schon vergessen?!"

„Ja doch, das zweite ist eine fixe Idee von mir. Arbeit ist gut, um das Geld zu verdienen, das dir vieles andere erlaubt, für mich aber muss sie eine Besonderheit haben. Außer den Moneten muss sie etwas Greifbares hervorbringen, das dir, wenn möglich, eine abgeschlossenen Arbeit zeigen kann."

„Ich verstehe nicht."

„Mal sehen, ob ich es dir erklären kann. Nehmen wir einen Bauern, auch ihm geht es ums Geld, auch er arbeitet und bringt Opfer, auch er hat seine schlechten Tage, vielleicht viele, doch am Ende des Zyklus kann er seine Arbeit, sein Ergebnis mit Händen greifen. Er berührt die Trauben oder die Äpfel, nachdem er im Winter beim Beschneiden gefroren hat, im Sommer bei allen anderen Tätigkeiten der Hitze ausgesetzt war, nachdem er wegen möglicher Frosteinbrüche und Hagelschauer gebangt hat. Nach den ganzen Opfern und Ängsten berührt er seine Früchte und Ergebnisse mit den Händen. Das gilt genauso für einen Architekten oder Ingenieur, die dann ihr Gebäude betreten, für den Arzt, der seinem Patienten, nachdem es ihm wieder gut geht, die Hand drückt, für den Maler, der sein Bild betrachtet. Es gibt Arbeiten, die dir täglich zeigen, was du zustande gebracht hast; außer dem Geld hast du auch noch ein anderes Ergebnis vor dir. Für mich hat alles, was mit Natur zu tun hat, noch etwas Besonderes, aber wie du siehst, gibt es auch andere Arbeiten, die dir etwas Greifbares hinterlassen, nicht nur das Geld. Doch nicht alle Arbeiten sind so, einige bieten dir als einziges Ziel das Geld, und diese meide ich. Leider braucht es ein Gleichgewicht, man lebt nicht nur von Genugtuungen, ich bin aber sicher, dass jemand, der Lust und Ausdauer hat und bereit ist, Opfer zu bringen, früher oder später eine Arbeit finden wird, die nicht nur Arbeit ist. Ich gehe einer Arbeit nach, die mir gefällt, die mit Landwirtschaft zu tun hat, wir befassen uns mit Natur, Botanik, Agrarchemie, Mikrobiologie, Weinchemie, wir versuchen viele Vorgänge zu verstehen und zu beeinflussen. Mithilfe von Mikroorganismen und chemischen Reaktionen machen wir aus Trauben Wein. Ein Produkt, das es in der Natur nicht gibt, das der Mensch aber Unterstützen und verwirklichen kann. Ich schaffe gern etwas Greifbares, nach der Arbeit im Weinberg und im Keller siehst du die Frucht deiner Arbeit. Damit nicht genug, das Geld, das ich verdiene, erlaubt mir etwas anderes, das ich gern tue. Es schenkt mit die Zeit, den Wald und die Berge zu erleben und viel Zeit mit dir und deiner Schwester zu verbringen, es erlaubt mir auch, Bücher zu kaufen und die Fachgebiete zu studieren, die mich begeistern. Die Arbeit muss mir Freizeit garantieren. Ich arbeite, um zu leben und will nicht leben, um zu arbeiten."

„Ich weiß nicht, ob ich alles verstanden habe."

„Studiere, was dir gefällt, nicht was angesagt ist oder wovon du glaubst, dass du damit haufenweise Geld verdienst; dann zeigst du der Welt, was du kannst, und wenn du kein Versager bist, wirst du früher oder später Erfüllung finden und Zeit für dich selbst haben. Wer ein Studium absolviert hat, das er liebt, hat dem, der eines absolviert hat, weil es en vogue ist oder Geld bringt, immer etwas voraus. Ich habe es dir vereinfacht. Wie weit sind die Nudeln?"

„Probier mal, Tati, ich glaube, sie sind gar."

Das Schöne an diesen Winterwanderungen ist die Vielzahl der Spuren, die wir sehen können. Mit den Jahren hat mein Sohne gelernt, fast alle zu erkennen, Reh, Hirsch, Gämse, Steinmarder, Marder und Wiesel, Feldmaus, Fuchs, Wolf, und an einem Frühling sind wir, dank eines sehr späten Schneefalls, auch auf die Abdrücke eines Bären gestoßen, der soeben erwacht war. Nach und nach lernt er durch Messungen auch das Geschlecht einiger Tiere zu bestimmen, indem er die Gangart, das Schränken oder die Größe der Fußabdrücke beobachtet. Diese stetigen Beobachtungen, sommers wie winters, lenken ihn ab und lassen ihm die langen und oft mühsamen Wanderungen wie ein Spiel erscheinen. Ich kann nur stolz auf ihn sein. Letztes Jahr, mit nur sechs Jahren, hat er im Juli den Gantkopfel auf fünf verschiedenen Routen bestiegen, und im Januar desselben Jahres, als der Schnee bis über mein Knie reichte und bei ihm bis zur Hüfte, ist er bis zur Hütte aufgestiegen und hat dabei beinahe 500 m Höhenunterschied bewältigt. Der schwere Schnee hatte viele Bäume entwurzelt und gespalten, die uns den Aufstieg sehr erschwerten. Wir mussten sie umgehen oder übersteigen und die Strecke, für die wir im Sommer 40 Minuten benötigten, kostete uns an jenem Tag gute vier Stunden. Ich glaube, das Mittagessen jenes Tages wird unvergesslich bleiben, ich habe ihn noch nie so glücklich kochen sehen, wir waren ausgepumpt, aber überglücklich; wir, inmitten dieses ganzen Schnees, ein kristallklarer Himmel und eine unglaubliche Stille, die nur durch unsere Atemzüge und das dumpfe Geräusch des Schnees, der ab und zu von den Bäumen fiel, unterbrochen wurde.

XXIV
Ciao, bis später.

Es war am Stephanstag des Jahres 2020, ich war auf dem Neuen Weg unterwegs zum Gantkofel, der Schnee war hart, es war kalt, ab und zu brach ich aber doch bis über das Knie ein. Der Rucksack war voll und schwer, ich hatte die ganze Fotoausrüstung mit, Batterien, T-Shirts und Jacken zum Wechseln, Trinkflaschen, warmen Tee, Brötchen, Obst und verschiedene Ausrüstungsgegenstände: Steigeisen, Pickel und vieles mehr. Ich war auf der Suche nach den Routen der Wölfe, ich wollte herausfinden, welchen Übergang oder welche Scharte sie benutzten, wenn sie vom Nonstal ins Überetsch wechseln wollten. An jenem Morgen machten mir die 700 Höhenmeter Aufstieg sehr zu schaffen und als ich am Gipfel war, begegnete ich einem Menschen, auch er war allein und ich weiß nicht, woher er kam. Dann ging ich über eine Stunde lang den Grat entlang in Richtung Kleine Scharte. Ich war sicher, dass sich der Übergang im Abschnitt zwischen Furglauer Scharte und Kleiner Scharte befinden musste. Ein anderer möglicher Übergang konnte viel weiter nördlich sein, im Bereich der Gaider Scharte. Ich sah zahlreiche Spuren, Füchse, Hasen, Gämsen, Hirsche, Rehe, verschiedene Rabenvögel und Hühnervögel, aber keine Wolfsspur. An der Kleinen Scharte angekommen, wollte ich Rast machen und etwas essen, doch es herrschte sehr schlechtes Wetter, stürmischer Wind und meine Uhr zeigte eine Temperatur von −13 Grad an. Ich wollte mich umziehen, für den Abstieg eine wärmere Jacke und ein wärmeres Vlies anziehen und erst dann essen, wenn ich von der Scharte abgestiegen war. Im Wald hätte ich einen besseren, weniger windigen Platz zum Rasten und Essen gefunden. Nachdem ich mich umgezogen hatte, schnallte ich die Steigeisen an, zog wärmere Handschuhe an und tauschte die Stöcke mit den Pickeln. Die Scharte, die ich ohne Schnee sehr gut kannte, war im Winter nach den starken Schneefällen fast nicht wiederzuerkennen. Eine lange, eis- und schneebedeckte U-förmige Rinne. Sie sah aus wie eine enorme Bob- oder Rodelbahn. Nach fünf Minuten Abstieg blieb ich stehen, um die Steigeisen festzuziehen und eine Schlaufe des Pickels zu kontrollieren, den ich in der rechten Hand hielt.

....

„Wo bin ich?"
„Im Krankenhaus, Mirko."
„Was ist passiert?"
„Du bist abgestürzt. Sie haben dich geborgen. Erinnerst du dich nicht?"
Nein, ich konnte mich an nichts erinnern. Ich hörte, was sie erzählten. Sie sagten mir, dass es mir gelungen war, zu Hause anzurufen und mitzuteilen, ich hätte mich verirrt. In meinem Kopf wusste ich, dass ich mich auf diesem Berg nicht verirren konnte, ich bin dort auch nachts unterwegs, kenne ihn wie meine Westentasche. Sie haben mich am Fuß der Scharte gefunden und mit dem Hubschrauber geborgen. Ich erinnere mich nicht. Ich versuche mich zu bewegen und registriere, dass ich mir Rippen und Schulter gebrochen habe und meine rechte Hinterbacke nicht mehr spüre. Ich bin voller Abschürfungen, im Gesicht, am Rücken, die

rechte Hand sieht nicht gut aus. Der Pickel mit der Schlaufe hat mir den Handschuh abgestreift. Ich sehe schlecht, als ob Nebel wäre, vermag nicht zu lesen. Sie sagen mir, daran sei der Schlag auf den Kopf schuld. In den nächsten Tagen sagen sie mir, ich sei mehr als 100 Höhenmeter tief abgestürzt, um genau zu sein 130-135 m. Eines meiner Steigeisen haben sie 130 m oberhalb von der Stelle gefunden, wo sie mich entdeckt haben, und vom Steigeisen bis zu mir lag alles verstreut herum, Fotoapparat, Pickel, Trinkflaschen, der abgestreifte Handschuh und vieles mehr. Beim Absturz habe ich zwei Luftsprünge von 5 m vollführt; das sind jene natürlichen Sprossen der Scharte, die man im Sommer anhand der Eisenleitern des Klettersteiges bewältigt. Die von der Bergrettung, von denen einigen aus meinem Dorf kommen, sagen mir, dass ich wie durch ein Wunder gerettet wurde und dass Hannes, der in meiner Nähe wohnt, mich gefunden hat. Am Telefon erzählt er mir, dass ich ihn angesprochen habe, ohne ihn jedoch zu erkennen, und bei einer Visite erklärten mir die Ärzte, dass so etwas ganz normal sei bei diesen ganzen Schlägen auf den Kopf.

Dieser Unfall hat mich gezeichnet und noch heute gibt es zwei Dinge, an die ich oft denke. Erstens, dass ich mich an nichts erinnere, ich weiß nicht, ob ich ausgerutscht, in Ohnmacht gefallen bin, möglicherweise wegen Hypoglykämie, oder ob ich in Ohnmacht gefallen bin, weil ich von einem Stein am Kopf getroffen wurde. Ich weiß es nicht. Ich glaube, dass das Leben aus Erfahrungen besteht, dass man dank der Erfahrungen wächst, leider weiß ich weder, ob ich einen Fehler gemacht habe, und auch nicht, wo ich einen gemacht habe, und das finde ich schade. Die zweite Lektion ist die, die mich am meisten betroffen gemacht hat. Als ich an jenem Morgen aus dem Haus ging, verabschiedete ich mich von meinen Kindern und meiner Partnerin wie jeden Morgen. Beinahe flüchtig. Dieses Ciao, automatisch, beinahe eine Pflicht, es hätte das letzte sein können. Ich hätte meine Kinder nicht wiedersehen können. Sie sind jung, brauchen einen Vater, eine Stütze, einen Freund, jemand, der sie führt. Ich weiß nicht, wie ich dieses Gefühl erklären soll, ich habe ihnen immer viel Zeit gewidmet, und doch schien es mir, als ob es nicht genug gewesen sei, ich hätte sie für immer verlassen können. Die Zeit nach dem Unfall war hart. Ich hatte viele Albträume, ich träumte andauernd, dass meinen Kindern etwas zustoßen würde, ich war überfürsorglich geworden. Ich war nicht mehr ich selbst. Ich brauchte einen Psychologen, für mich, vor allem aber um meinen Kindern zu ermöglichen, wieder einen normalen Vater zu haben. Auch Nicolas hatte sich verändert, er hatte den Rettungshubschrauber zwei Stunden lang nach mir suchen sehen und er hatte vom Balkon aus gesehen, wie ich auf der Tragbahre mit der Seilwinde an Bord des Hubschraubers gezogen wurde. Wir hatten schon früher bei unseren Wanderungen die Bergrettung im Einsatz gesehen, diesmal aber suchten sie nach mir. Er hatte einige schwierige Nächte, mit der Zeit ist er aber auch darüber hinweggekommen, er ist stark.

Seit jenem Tag bin ich viel empfindlicher gegenüber Unfallmeldungen, anfänglich wechselte ich den Sender, jetzt verkrafte ich sie besser. Es war eine sehr harte Zeit, ich dachte, ich würde die Sehkraft nicht mehr wiedererlangen, ich konnte nicht mehr Auto fahren, die Knochen sind ziemlich schnell wieder zusammengewachsen, die mentalen Wunden brauchen jedoch länger. Sobald ich körperlich kräftig genug war, wollte ich wieder auf den Gantkofel, mit den engsten Freunden und meinem Sohn sind wir zur Kleinen Scharte aufgestiegen.

Ich wollte jene Stellen wiedersehen. Als wir die Stelle der letzten Erinnerung erreicht hatten, wo ich die Steigeisen festgezogen hatte, blieb ich stehen. Ich habe die ganze Strecke in Richtung Tal betrachtet, die ich während des Sturzes zurückgelegt habe. Ich hoffte, es würde irgendeine Erinnerung auftauchen, aber nichts. Ich kann nur sagen, dass es wirklich unmöglich erscheint, das überlebt zu haben. Im Sommer ist diese Scharte einfach, auch im Winter scheint sie überhaupt nicht gefährlich zu sein, und ich denke, dass sie es in 99% der Fälle nicht ist. An jenem Tag war sie vereist, an jenem Tag war ich vielleicht nicht ganz fit, vielleicht habe ich etwas falsch gemacht, ja, sicher war es so.
Seit jenem Tag sind Nicolas und ich mehrmals hinaufgestiegen, wir haben auch andere Berge bestiegen. Er ist vorsichtiger geworden, teils aufgrund dessen, was er erlebt hat, teils weil man, wenn man älter wird, weniger leichtsinnig ist. Auch ich bin etwas ruhiger geworden, die Verlockung ist aber nach wie vor da. Ich werde mich immer dort herumtreiben, wo die anderen nicht hingehen. Ich werde immer Spuren und Fährten an Stellen suchen, die andere nicht in Betracht ziehen. Ich werde Tage und Nächte damit verbringen, Tiere an den undenkbarsten Orten zu beobachten. Ich werde ein bisschen riskieren wie immer, doch seit jenem Tag hat das „Ciao, bis später" einen anderen Geschmack.

XXV
Der Federhaufen

Ava, Nicolas und ich waren auf Pilzsuche; es war ein herrlicher Spätoktobertag, der aber an den Sommeranfang erinnerte. Wir hatten verschiedene Pilze gefunden, eine gute Mischung, wie wir sagen: einige *Boletus edulis* (Gemeiner Steinpilz), etliche *Lactarius deliciosus* (Edel-Reizker), mehrere *Russula cyanoxantha* (Frauen-Täubling) und viele *Cantharellus lutescens* (Starkriechender Trompetenpfifferling).

„Tati, Nicolas, kommt schnell her!"

Wir gehen zu Ava, der Jüngsten und am wenigsten Erfahrenen der Gruppe.

„Seht, jemand hat einen Vogel gefressen!"

Vor uns das Gefieder eines *Garrulus glandarius* (Eichelhäher).

Die ganzen Federn und der Flaum lagen in einem begrenzten Bereich.

„Tati, es sind so viele."

„Gut beobachtet, Nic. Seht ihr diese kleinen blauen Federn mit schwarzen Streifen? Sie sind typisch für einen Eichelhäher, Kinder. Mal sehen, ob ihr auf den Beutegreifer draufkommt, das Beuttier haben wir geklärt."

Die Kinder betrachten Flaum und Federn genau.

„Schaut genau hin!"

Nicolas sammelt einige Federn und betrachtet sie, während Ava mit dem Flaum spielt.

„Es war ein Greifvogel!"

„Gut, woran erkennst du das?“

„Sie sind alle lose, keine von Speichel verklebte Federn und Flaum, Also ist es kein Säugetier.“

„Gut. Was fällt dir noch auf?“

„Die Kiele sind nicht zerbrochen, sondern alle ganz.“

„Richtig. Kein Speichel, intakte Kiele. Säugetiere können wir ausschließen. Nun, wir kennen die in dieser Gegend vorhandenen Greifvögel, wir wissen, dass die Beute kein kleiner Vogel ist, sondern ein Eichelhäher, wir befinden uns in einem ziemlich dichten Wald, wir wissen, dass er ihn am Boden oder jedenfalls nicht in der Höhe gerupft hat, und ich füge hinzu, dass er ihn auch hier gefressen hat …“

„Warum sagst du, nicht in der Höhe, Tati, und woher weißt du, dass er ihn hier gefressen hat?“

„Nicolas, das Gefieder liegt auf engem Raum beieinander. Das Rupfen hat hier oder auf einem sehr niedrigen Ast stattgefunden. Hätte es in der Höhe stattgefunden, wären die Federn über einen größeren Bereich verstreut. Wer kommt also in Frage? Ziemlich dichter Wald, er hat auf dem Boden oder jedenfalls auf einem dieser niedrigen Äste gerupft und einen Eichelhäher erbeutet.“

„Habicht!“

„Ziemlich sicher, der Habicht (*Accipiter gentilis*) ist mein Kandidat Nummer eins! Auch weil wir uns im Herbst befinden, und das macht es uns ein bisschen leichter. Einige wandernde Greifvögel sind weg und dann... Nicolas, wann und warum sollte ein Habicht eine Beute in der Höhe und nicht, wie normalerweise, unten rupfen?“

Nicolas überlegt ein wenig.

„Ich weiß nicht.“

„Von Ende April bis Anfang Juni pflanzt sich der Habicht fort, daher rupft er die Beute beim Nest, um die Kleinen zu ernähren. Die Brutstätten, die er über mehrere Jahre benutzt, befinden sich immer auf hohen Bäumen, hoch oben, sind groß und liegen nahe beim Stamm. Gewöhnlich wählen sie einen Baum am Rand eines alten Waldes, mit Blick auf eine Straße, Wiese oder Sümpfen. In diesem Fall liegt das Gefieder über einen viel größeren Bereich verstreut, wenn du aber nach oben schaust, verstehst du leicht das Warum. Es gibt aber noch eine Besonderheit, einen weiteren Unterschied beim gerupften Gefieder. Ein nicht so gewaltiger Greifvogel, der die Beute nicht an Ort und Stelle verzehrt, muss diese leichter machen, um sie zum entfernten Nest oder Sitzplatz zu transportieren; aus diesem Grund trennt er Kopf und Flügel ab und hinterlässt nicht viele andere Federn und Flaum. Am Nest fährt er dann in Ruhe mit dem Rupfen fort."
„Ok, aber wenn er hier gefressen hat … hat er wirklich alles gefressen? Hier liegen nur Federn und Flaum!"
„Nein, die Greifvögel sind Feinschmecker, sie fressen die erlesenen Teile, den Rest lassen sie liegen, doch keine Sorge, Füchse, Steinmarder, Marder und andere Aasfresser und opportunistische Tiere räumen alles weg und verzehren es an einem ruhigen Ort."

Den Schuldigen für die Gefiederreste zu identifizieren, ist nicht immer leicht. Das Vorhandensein von Speichel und zerrissenen Federkielen schließt Greifvögel aus, welches Säugetier am Werk war, lässt sich dann aber nicht ebenso leicht feststellen. Dasselbe gilt auch für Federn und Flaum mit intakten Kielen und ohne Speichelreste, es war kein Säugetier, doch welcher

Greifvogel hat denn hier Mahlzeit gehalten? Wie den Kreis noch enger als auf die Klasse *mammalia/aves* einschränken? Was wir bei den verschiedenen Beutefängen (die nicht unbedingt zum Schaden von Vögeln sein müssen) als Erstes tun können, ist, die Gegend und die Details genau zu beobachten. Der Modus Operandi ändert sich von Tier zu Tier, ein Fuchs verhält sich nicht wie ein Steinmarder oder ein Wolf, und der Adler hat andere Gewohnheiten als ein Milan. Als Zweites muss man wissen, welche Tiere in der Gegend vorkommen, und man darf nicht vergessen, in welcher Jahreszeit wir uns befinden. Es gibt Wandertierarten, andere verhalten sich, wie wir gesehen haben, anders, wenn sie für sich oder für ihre Jungen auf Beutefang gehen. Die Besichtigung des Tatortes ist ein Lieblingszeitvertreib für mich und meine Kinder. Da müssen sie überlegen, man muss das Habitat erkennen und wissen, wer sich dort zu welcher Jahreszeit aufhält, wissen, wer Beute schlägt, welche Greifvögel auf einige Beutetiere spezialisiert sind, wer Hasen jagt, wer Wildmäuse und Feldmäuse, wer Amphibien und Fische, wer Schlangen bevorzugt.

Wenn wir Eierschalen finden, ist es interessant zu verstehen, ob sie sich geöffnet haben oder ob sie erbeutet wurden und eventuell von wem. Krähen, Eichhörnchen, Marder oder Schlangen zerbrechen die Eier auf ganz unterschiedliche Weise.

Wenn man auf das Gerippe eines Huftieres stößt, können wir aufgrund der Art des Beutefanges (wie wurde es angegriffen, wie wurde es getötet, welche Teile wurden verzehrt und welche übriggelassen, welche

Knochen wurden zerbrochen), Vermutungen darüber anstellen, ob es das Werk eines Wolfes, eines Luchses, von streunenden Hunden oder eines Bären war. Die Details können uns viel erzählen, man muss nur die Tiere kennen, die Beutetiere und die Jäger, und wissen, wonach man suchen muss.

Spuren lesen können ist eine Kunst, die wir leider verlernt haben. Unsere Vorfahren aber waren darin sehr gut, sie kannten die Tiere und ihre Verhaltensweisen. Bei den Personen, die ich ab und zu mitnehme, fällt mir auf, dass sie, während sie Spuren und Fährten suchen, häufig wenig aufmerksam sind. Sie kennen Bücher auswendig, können aber nicht beobachten. Sie sind zu zerstreut. Häufig schicken mir Leute Fotos von Höhlen, die sie finden, und fragen mich, von wem die sind. Das Merkwürdigste ist, dass normalerweise vor den Höhlen bereits alles vorhanden ist, was du brauchst, darin wohnt ja doch kein Gespenst. Wer immer darin lebt, hinterlässt stets Zeichen seiner Präsenz, und es müssen ja nicht unbedingt seine Fährten sein, man kann nach vielen anderen Spuren suchen: Haare, Nadeln, Federn, Fressreste. Man brauch nur das Puzzle zusammensetzen.

Fleischfresser und Allesfresser sind nicht die Einzigen, die Spuren ihrer Nahrungsaufnahme hinterlassen. Wenn man genau hinsieht, kann man an Pflanzen, Gräsern, Sträuchern und Bäumen die von den Pflanzenfressern hinterlassenen Zeichen sehen. Verzehrte Sprossen und Blätter, von Hirschen, Nagern und Hasentieren angeknabberte Rinden (die auf keinen Fall mit der abgeschabten Rinde verwechselt werde dürfen, die Rehe und Hirsche während der Fegezeit mit ihren Geweihen an jungen Sträuchern hinterlassen), die Teppiche von Fichtentrieben, die die Eichkätzchen auf dem Boden zurücklassen, wenn sie die frischen Knospen verzehren. Die Pinienzapfen, die bei der Suche nach Pinienkernen und anderen Samen bearbeitet und geöffnet werden, und zwar in ganz unterschiedlicher Weise von Eichkätzchen, Mäusen oder Fichtenkreuzschnäbel (*Loxia curvirostra*).

Diese Suche nach dem Täter ist für die Kinder ein wunderbares, aufregendes und spannungsreiches Spiel.

Die Fähigkeit, auf die Details zu achten, macht den Unterschied, immer.

XXVI
Erinnerungen

Meine ersten Erinnerungen an den Wald sind mittlerweile schon viele Jahre her. Ich konnte seit wenigen Jahren gehen, ich glaube, ich war drei oder vier Jahre alt, an ein paar Dinge kann ich mich aber gut erinnern.

Gewöhnlich kann man sich an die ersten Lebensjahre nicht erinnern, und doch kann ich mich an vieles erinnern und meine Mutter muss heute noch staunen, wenn ich ihr Dinge aus der Vorkindergartenzeit erzähle. Ich erinnere mich an meinen Vater, der mich sehr früh weckte, an den Duft seiner Miscela Leone im Haus, an den Aufbruch noch in der Dunkelheit, an seinen Rucksack (ein Mitbringsel aus der Zeit bei den Alpini), an den gelben Fiat 128 Rally, an die vielen Kurven und Tunnels (keineswegs die heutige Autobahn), die ins Sarntal führten, und an das Adlernest, das man im Morgenrauen für wenige Sekunden zwischen einem Tunnel und dem nächsten auf dem Felsen erblickte. Wir kamen in Sarnthein an, als die Nacht bereits vorbei war und der Tau den Duft des Waldes verstärkte.

Ich erinnere mich an seine klobigen Bergschuhe und an meine zierlichen aus Leder (beileibe nicht in Gore-Tex, wie heute) und wie wir sie vor dem Aufbruch putzten und mit Seehundfett behandelten, um sie wasserabweisend zu machen. Der Wald begann sogleich mit einem irrsinnigen Anstieg, wenn man den Arm von sich streckte, konnte man fast den Berg berühren, der sich einem in den Weg stellte. Das war der Anfang, doch es wurde keineswegs besser, er war wie eine Mauer, noch heute frage ich mich, wie ein so dichter und abwechslungsreicher Wald auf einem so steilen Hang wachsen kann. Er war voller Pilze und mein Vater sagte mir immer, dass wir dort stets welche finden würden. Zum Scherz wiederholte er, Gämsen hätten ja keine Rucksäcke und Körbchen. Erst nach einer Stunde Kraxeln wurde der Berg endlich flacher und wurden die Pilze zum Glück nicht weniger, doch welcher Verrückte wäre denn auch dort hochgestiegen? Ich glaube, meine unermüdlichen Beine sind das Ergebnis jener Mauer.

Ich erinnere mich an die Schwarzbeeren und an meinen Vater, der einen Liter Kaffee (diesmal stimmt es) aus seiner treuen und unzertrennlichen Thermosflasche trank. Die Liebe zum Wald ist, glaube ich, an jenen Orten entstanden. Mein Vater ist ein großer Naturliebhaber und kennt viele Pilze, Bäume und Vögel, vor Schlangen aber hat er wahnsinnige Angst. Als ich angefangen habe, mit meinem Sohn in den Wald zu gehen, zuerst auf den Schultern, dann an der Hand, erlebte ich meine Vergangenheit wieder. Vergessene Erinnerungen tauchten wieder auf und die Sehnsucht, gepaart mit ein wenig Traurigkeit, vermischte sich mit neuer Freude. Ich war nach wie vor ich, doch vom Komparsen, der ich in den 70er Jahren war, bin ich nun zum Hauptakteur geworden und mein Sohn, neugierig wie er ist, bombardiert mich mit Fragen. Seine Warums stellen mich ständig auf die Probe und zwingen mich oft, alte und neue Bücher noch einmal zu lesen und zu studieren.

Es ist ein seltsames Gefühl, 40 Jahre danach die gleichen Fragen gestellt zu bekommen, die du deinem Vater gestellt hast; doch etwas beruhigt dich, vielleicht die Tatsache, dass sich nicht allzu viel verändert hat, dass die kindliche Wissbegier über die Natur erhalten geblieben ist, dass es genügt, sie sonntags auf einen Spaziergang im Wald mitzunehmen und nicht in einen Supermarkt, um den Geist aufzufrischen. Kinder sind neugierig, man muss sie nur ermuntern und die Natur ist das großartigste Schauspiel, das es gibt. Wir Erwachsenen, die wir zu faul, häufig zu unwissend und egoistisch sind, bevorzugen unsere Komfortzone, wo man uns nicht mit Fragen stresst, auf die wir keine Antwort wissen oder, noch schlimmer, auf die wir falsche Antworten geben, nur damit sie Ruhe geben. Nimm das Handy, hol dir ein Eis, sieh fern, Hauptsache, sie gehen uns nicht auf den Geist. Es ist nicht immer einfach, Antworten zu geben, besser aber ist, man gibt keine, als falsche zu geben, nur damit sie still sind.

Meinem Vater verdanke ich außerdem die Leidenschaft für den Garten, auch wenn für mich als Kind die ganzen Stunden, die ich damit verbrachte, „Unkraut" zu jäten, eine Tortur waren. Nichts jedoch kommt jener Freude und Befriedigung gleich, die du verspürst, wenn du schließlich in eine Karotte oder in Tomaten beißen kannst, die du bestellt und monatelang gehegt hast. Nach der ganzen Arbeit war der Geschmack der Erdbeeren und Himbeeren um ein Vielfaches intensiver und du hast auch gelernt, den echten Geschmack von Obst und Gemüse zu erkennen.

Für Nicolas und Ava ist es heute ebenso, sie haben ihre eigenen Beete, die sie unter meiner Anleitung bestellen, und sie sind glücklich, wenn sie dann ihre mühevoll gewonnenen Früchte ernten und essen. So lernen sie, dass man ohne etwas zu tun nichts erreicht, dass die Natur ihre Rhythmen und ihre Problembereiche hat.

XXVII
Die bewusste Entscheidung

Wenn ich verwundete oder kranke Tiere in der Natur finde, löst das immer noch ein etwas seltsames Gefühl in mir aus. Wie ich bereits sagte, versuche ich immer, nicht in die natürlichen Zyklen einzugreifen. Das ist nicht immer leicht, doch so wie ich auf das Foto des Jahres verzichte, nur um die Tiere und ihr Gleichgewicht nicht zu stören, komme ich auch einem verwundeten oder kranken Tier nicht zu Hilfe. In der Natur sind gerade diese Tiere dazu bestimmt, als Futter für Beutegreifer zu dienen. Eine leichte Beute stellt das Überleben einer anderen Art sicher und erleichtert auch das Leben eines gesunden Artgenossen. Ich habe immer gedacht – so schwer es mir auch fällt –, das sei die richtige Entscheidung. Bei Tieren, die vom Menschen verletzt wurden (Fahrzeuge und andere Unfälle), oder bei seltenen und vom Aussterben bedrohten Tieren habe ich selbstverständlich Ausnahmen gemacht. Es fiel mir nie leicht, mich umzudrehen und wegzugehen, oft haben mich bestimmte Erinnerungen tagelang geplagt. Dies bleibt jedoch für mich die richtige Entscheidung. Wir Menschen haben oft diesen Hang, uns überall einzumischen zu wollen, doch der Jungvogel, der aus dem Nest fällt und nicht schnell fliegen lernt, die Gämse, die lahmt, der Hase mit einer Augenkrankheit und viele andere sind genau die (die am wenigsten Geeigneten), die beim langen Evolutionsprozess stolpern werden. Das alles gilt auch für die Beutegreifer, das vergessen wir viel zu oft, doch der Mäusebussard, der schlecht sieht, die Schlange, die die Beute schlecht erkennt, der versprengte Wolf oder die Wölfin, die keinen Partner finden, um ein neues Rudel zu bilden, der Fuchs, der nicht gut hört, ihnen allen steht ein schwieriges und häufig kurzes Leben bevor. Es fällt nicht immer leicht, meine Begründungen diesbezüglich zu erklären, nicht nur den Kindern, das Rotkreuz-Syndrom, wie ich es nenne, verbirgt sich auch in vielen Erwachsenen.

Der Mensch verspürt oft Mitgefühl und Erbarmen aufgrund von Empfindungen, Vorurteilen und persönlichen vorgefassten Meinungen, die häufig auf der örtlichen Kultur oder auf seinen Familienerinnerungen beruhen; neben diesen Beweggründen dürfen wir die verschiedenen Phobien nicht vergessen. 99% der Leute macht es nichts aus, wenn eine Hauskatze einen kleinen Vogel fängt und tötet (geschweige denn einen Nager oder ein Reptil). Die Hauskatze sollte sich aber nicht in die Ökosysteme einmischen, weil sie kein Teil davon ist, sie ist keine Wildkatze und wie alle Haustiere sollte sie nicht mit den Wildtieren interferieren. Damit möchte ich sagen, dass wenn dagegen ein Wildtier ein anderes Wildtier erbeutet, zum Beispiel eine Schlange ein Rotkehlchen, ein Hermelin einen Hasen, ein Wolf ein Rehkitz oder ein Fuchs eine Wildente, die Meinungen auseinandergehen. Ich habe Leute gesehen, die auf Schlangen losgehen, weil sie Frösche oder Eidechsen erbeuten, und die sich empören, wenn ein Wolf einen Hirsch zerfleischt. Ich habe die gleichen Leute begeistert und stolz erzählen hören, wie der Hund eine Stunde lang einem Reh hinterhergerannt ist. In meinem Leben habe ich gesehen, wie Katzen seltene Vögel und Kleinsäugetiere erbeuteten, ich habe gesehen, wie eine trächtige Rehgeiß zu Boden stürzte, nachdem ihr der Hund eines Wanderers eine halbe Stunde lang nachgejagt war. Wenn ich sage und bis zum Überdruss wiederhole, dass derartige Verhaltensweisen falsch sind, bekomme ich stets zwei Dinge zu hören. Erstens: „Das haben sie in ihrem Instinkt"; zweitens: „Wir Menschen tun Schlimmeres".

Ich werde niemals müde zu antworten und zu erklären, dass sie recht haben. Das liegt an ihrem Instinkt. Sie sind aber nicht Teil des Ökosystems, also müssen wir es vermeiden, auch weil sie verfolgen und Beute machen, ohne Grund. In 99% der Fälle fressen sie die Beute nicht, sie können nichts damit anfangen, und erzählt mir nichts von imaginären kleinen Geschenken, die sie auf der Matte hinterlassen. In Wirklichkeit können sie nichts damit anfangen. Sie töten für nichts, auch weil sie als Haustiere immer einen vollen Napf vor sich haben. Dass wir oft viel Schlimmeres anstellen, dem pflichte ich bei, doch zu diesem Schlimmen gehört auch, dass wir unseren vierbeinigen Freunden erlauben, sich einzumischen und Wildtiere zu töten. Es gibt eine Flut von Untersuchungen über die Auswirkung, die die Haustiere auf die Natur haben, und, wie gesagt, ich beziehe sie in die vielen Auswirkungen ein, die durch die menschliche Nachlässigkeit verursacht werden. Unsere Haustiere sind nichts anderes als unser langer Schatten, stets sind wir es, die Schaden anrichten.

Ich weiß, diese Argumente sind nicht leicht zu akzeptieren und zu verstehen, doch das ist die Wirklichkeit. Wir sind für unsere Haustiere verantwortlich und müssen sie (auf legale Weise) vor den wild lebenden Beu-

tegreifern schützen; wir müssen aber auch wissen, dass
wir genauso dafür verantwortlich sind, was unsere Tiere anstellen, und zwar nicht nur aus ökologischer Ge-
rechtigkeit, sondern auch vom Gesetz her.

XXVIII
Der Fuchs und der Esel

„Nicolas, komm her."

Nic ließ die Schwarzbeeren sein und kam gleich zu mir.

„Von welchem Tier stammt der?"

Mein Sohn betrachtete den Huf, dann hob er ihn unter Zuhilfenahme eines Astes auf, um ihn auch aus einer anderen Perspektive anzusehen.

„Ich glaube, es ist der Lauf eines Rehs, Tati."

„Woran erkennst du das?"

„Die Klauen sind ziemlich spitz, sie sind nicht sehr gekrümmt. Sie sind eher klein. Es ist kein Hirsch, auch kein junger."

„Du hast recht. Mal sehen, ob wir noch etwas finden!"

Wir trennten uns mit der Absicht, immer größere Kreise um den Lauf zu machen, entfernten uns aber nicht weit.

„Tati, hier ist ein Federhaufen."

„Hier sind zwei, Nicolas."

Weniger als fünf Meter entfernt vom Lauf fanden wir drei Haufen Federn.

„Erkennst du die Beutetiere, Nic?"

„Bei diesen ist es leicht! Es müssen die Hennen des Nachbarn sein."

Nicolas hatte recht, es waren drei einzelne Hennengefieder und ungefähr 400 m entfernt lagen Josefs Hof und sein Hühnerstall.

„Ein Fuchs muss diesen Platz als Stärkungsstätte aus-

gesucht haben. Hast du gesehen, dass die Federkiele
zerbrochen und die Flaumfedern durch Speichel mit-
einander verklebt sind?"
„Schon, aber der Rehlauf? War das ebenfalls er, Tati?"
„Was meinst du? Sieh genau hin."
Nic betrachtet die verschiedenen Knochen, die noch
durch Sehnen und einige Fleischreste miteinander ver-
bunden sind.
„Ich weiß nicht, da wurde gute Arbeit geleistet, er
wurde sauber entfleischt und dann liegt er hier zwischen den Federhaufen. Auch hier muss der Fuchs am
Werk gewesen sein."
„Sicher?"
Ich sah ihm in die Augen.
„Wenn du mich so ansiehst, dann heißt das, dass ich
falsch liege."
„Nein. Ich bin deiner Meinung, den Lauf hat der Fuchs
hierher gebracht."
„Er hat ihn aber nicht erbeutet. Richtig?"
„Genau, ein Fuchs ist nicht imstande, ein Reh zu erbeuten, ich sage dir aber, er hat ihn auch nicht abge-
trennt. Sieh dir den Oberarmknochen genau an. Er ist
abgelöst. Ein Fuchs ist nicht imstande, einen Oberarmknochen dieser Größe zu zerbrechen. Der Beutegreifer
muss ein Wolf gewesen sein."

Füchse, aber auch Dachse, Bären und andere Tiere
verschmähen Gerippe nicht, sie sind Opportunisten.
„Wer weiß, wo er erbeutet wurde."
„Mit Sicherheit nicht hier, da ist nichts anderes, was zu
einem Reh gehören könnte. Füchse suchen immer einen ruhigen Platz zum Schlemmen und scheinbar fühlt
er sich hier richtig wohl. Was haben wir also herausge-

funden?“

„Dass es hier Wölfe gibt, dass sich der Fuchs an diesem Platz den Bauch vollschlägt und dass Josef drei Hennen weniger hat!“

„Und dass Josef nicht imstande ist, seine Haustiere zu schützen.“

„Besser so vielleicht, zumal viele das Gewehr als einzige Lösung sehen.“

„Du hast recht, Nicolas. Viele glauben, dass es zu viele Beutegreifer gibt, dass man sie dezimieren sollte, aber sie begreifen nicht, dass wenn du deine Tiere nicht schützt, ein einziges Raubtier genügt. Nach ihrem Verständnis von Vorbeugung müsste man die Beutegreifer ausrotten, dann wäre aber auch ein Dummkopf in der Lage, seine Tiere zu schützen.“

XXIX
Die Sonntagsausflügler und
eine Überlegung zu den Kuscheltieren

Eine der unmöglichsten Situationen, die ich in die Tat umgesetzt habe, war die, mich als Hirsch zu verstellen, allein, einmal aber auch mit meinem Sohn. Viele Leute, die mich kennen oder mir auf den Social Media folgen, sagen mir, dass sie bei ihren Ausflügen sehr wenige Tiere sehen. Ich selbst sehe weniger als viele Fotografen, weil ich mich fast nie auf die Lauer lege. Ich tarne mich nicht und warte nicht stundenlang. Im Wald streife ich herum, still, ich versuche stets, möglichst wenig Lärm zu machen und suche nach Spuren, ich bleibe nur stehen, um zu rasten oder wenn ich ein Tier bemerke.

Ich lege mich nur in der Nacht auf die Lauer. In diesem Fall weiß ich bereits, wo sich ein bestimmtes Tier herumtreibt, ich weiß es von vorherigen Suchen und mache nichts anderes als mit dem Nachtsichtgerät auf es zu warten. Diesen Leuten antworte ich, dass es für ihren Misserfolg hauptsächlich zwei Gründe gibt; erstens, sie machen zu viel Lärm, und auch wenn sie es nicht glauben, ist es die Wahrheit, sie reden und trampeln gewöhnlich wie ein Elefant; der zweite Grund ist, dass sie sie ganz einfach nicht sehen. Wenn ein Tier sich nicht bewegt, bemerken sie es nicht. Sie sehen ein Reh, das beim Davonlaufen ein paar Sprünge macht, sie sehen es aber immer erst, nachdem sie es gehört haben. Auch der Flügelschlag einer Ringeltaube erlaubt erst, dass man sie sieht. Der Hirsch (wie viele andere Tiere) dagegen steht still, und um das zu bestätigen, beschließe ich ab und zu, in einer Entfernung von 10 m von einem Steig, oft auch weniger, regungslos stehen zu bleiben; und dort, im Stehen oder Sitzen, warte und warte und warte ich, und obwohl ich keine Tarnkleidung trage, sondern fast immer graue oder schwarze Hosen und blaue oder grüne T-Shirts, gehen Dutzende Menschen an mir vorbei, ohne mich wahrzunehmen. Nicht einmal mein Sohn glaubte es, anfangs, in Wahrheit aber sind wir zerstreut und die meisten Leute sind nur überzeugt, dass sie beobachten können. Die Waldbewohner nenne ich seit jeher Gespenster, unzählige Augen sind auf uns gerichtet, wir bemerken sie aber nicht, wir nehmen die Eidechse wahr, wenn sie trockene Blätter durcheinanderwirbelt, den Specht, wenn er trommelt, den Eichelhäher, wenn er den Wald auf unsere Präsenz aufmerksam macht, die Rehe, wenn sie bellen oder die Flucht ergreifen. Wenn die meisten von uns einen Menschen, der einen Meter und dreiundachtzig groß ist und zwei Äste als Geweih auf dem Kopf trägt, nicht sehen (zum Glück bemerken sie mich nicht, andernfalls würden sie die psychiatrische Abteilung des Krankenhauses rufen), wie sollen sie dann viel kleinere Tiere ausmachen? Wenn ich mit Leuten unterwegs bin, die mich auf meinen Streifzügen begleiten wollen, passiert es häufig, dass ich sie zurückhalten muss, indem ich sie am Arm festhalte. Normalerweise sind sie etwas überrascht und fragen mich: „Was ist?", und meine Antwort ist stets die gleiche: „Bemerkst du nichts?"

Fast immer befindet sich weniger als einen Meter entfernt, wenn nicht gar zwischen ihren Füßen, eine Amphibie oder ein Reptil. Die zweithäufigste Frage lautet: „Sag mir bitte, dass es nicht giftig ist", und gleich darauf „sag mir, dass es nicht beißt" oder „sag mir, dass es nicht mehr als vier Füße, aber auch nicht weniger als zwei hat".

Wenn es sich dann tatsächlich um eine Schlange handelt, fragen sie mich: „Sollte sie aber nicht fliehen?"

Und ich: „Wollten wir sie aber nicht sehen?"

Gerade darin liegt der absurde Widersinn. Sie wollen die Tiere sehen, aber nicht zu nahe, und in diesem Fall empfehle ich das Fernsehen. Ich glaube wirklich, dass nur wenigen Menschen bewusst ist, was für ein Glück sie haben, wenn sie einige Tiere sehen: eine Hornviper, eine Wasserspitzmaus, einen Baumschläfer, eine *Rosalia alpina* (Alpenbock), einen Dreizehenspecht oder einen *Gypaetus barbatus* (Bartgeier). Es geht nicht immer um die Seltenheit. Einige Tiere, auch wenn sie nicht bedroht und darum selten sind, sind jedenfalls schwer zu beobachten. Oft frage ich mich, ob meine Kinder genauso viel Glück haben werden. Wenn ich mich mit ihnen unterhalte, wird mir bewusst, dass sie manche Arten vielleicht nie in Natura sehen werden. Andere (die in meiner Kindheit gebietsweise ausgestorben waren) sind heute zum Glück, dank des Schutzes und der Neuansiedlungen, wieder präsent.

Sie breiten sich wieder aus. Wölfe, Füchse, viele Greifvögel, manche Kleinsäugetiere und viele andere Tiere sind zum Glück wieder präsent. Als Kind hörte ich über viele von ihnen nur Legenden und Märchen, einiges wurde getan, einiges nicht; man kann viel mehr tun, die Menschen an die Natur heranführen ist eine gute Sache, aber nicht, indem man die Natur ausbeutet. Die Leute sagen, dass sie die Berge lieben, in Wirklichkeit aber lieben sie dann die Skipisten und die Hütten, wo man isst, trinkt und sich betrinkt. Sie lieben die Berge, doch ohne einen bequemen Sessellift gehen sie nicht hinauf. Die Berge sollten Mühe, Wälder, Ruhe, Einsamkeit, Stille und Natur sein, stattdessen findest du immer mehr Zement, immer mehr Skipisten/Wiesen, Steige (ich meine nicht die Forstwege), die von unzähligen E-Bikes, Lärm, Herden von Menschen, die es ohne die Hilfe eines Sesselliftes oder einer Batterie nie und nimmer so hoch hinauf geschafft hätten, zerstört wurden. Mittlerweile haben wir nach den Stränden die Berge zerstört. Es gibt Konzerte vom Meeresspiegel bis 2000 m, Gaststätten und Restaurants allerorten. Leider wollen die Leute die Natur mit der gleichen Mühe erleben, mit der sie sie im Fernsehen ansehen. Die Strände sind mittlerweile Sardinenbüchsen und die Berge sind auf dem gleichen Weg. Den Leuten ist noch nicht bewusst, dass uns das alles zu einem bitteren Ende führen wird. In Wirklichkeit ist man nur mehr darauf aus, Gewinn zu machen, ohne daran zu denken, dass das Spiel unter diesen Bedingungen nicht ewig dauern wird.

Es ist eine Vorstellung, die nur schwer verständlich zu machen ist, das sehe ich jedes Mal, wenn ich sie beobachte. Sie verhalten sich, als ob sie keinen Schaden anrichten würden, als ob ihr Durchzug keine Folgen hätte, in Wirklichkeit aber sind sie wie eine Heuschreckenplage, der Unterschied ist, dass sie nicht vorübergehend sind. Sie lieben die Berge, bewahren sie aber nicht, sie benutzen sie, bewusst oder unbewusst, und damit basta.

Es fehlte nicht viel und meine Generation hätte keinen Adler mehr zu Gesicht bekommen, viele andere Tiere wie Bären und Lämmergeier sehen wir nur dank Wiederansiedlungsprojekten wieder. Dank verschiedener Schutzprojekte erobern auch Wolf und Luchs langsam ihre Territorien zurück; es gibt aber noch genug vom Aussterben bedrohte Tierarten, und ich spreche nicht von Zuständen in fernen Kontinenten, ich spreche von unserem Italien und meinen Alpen.

Welche Tiere wird es nur mehr in den Büchern meiner Kinder und meiner künftigen Enkel geben? Was geschieht mit dem *Neophron percnopterus* (Schmutzgeier), dem *Eliomys quercinus* (Gartenschläfer), mit vielen Arten von Fledermäusen, Amphibien, Meeres- und Landsäugetieren und Gliederfüßern? Viele verstehen nicht, dass du die Tiere schützen kannst, soviel du willst, wenn du dann aber ihren Habitat nicht schützt, wozu schützt du sie dann? In vielen Gebieten gibt es keine Laubbaumwälder (allenthalben Tannen, und dann beklagen wir uns über den Borkenkäfer), es fehlen alte Wälder, Feuchtgebiete, Bäche und Flüsse ohne Infrastrukturen, die Fischen, Amphibien und Krustentieren den Durchzug verwehren. Geröllhalden werden in Bausand verwandelt, die Dünen planieren sie, Sümpfe werden trockengelegt, Eisenbahn und Autobahn schaffen künstliche Barrieren. Früher grenzten nur die großen Flüsse und Bergketten die Ausbreitung der verschiedenen Arten ein, heute sind es Zement, Asphalt und Netze.

Unsere (alpine) Geomorphologie kompliziert auch die Errichtung möglicher Korridore für die Wildtiere. Eine

Sache ist es, sie in der Schwarzwaldebene zu errichten, wie man es mit den Autobahnüberführungen gemacht hat, anders sieht es in einem Tal mit vielen morphologischen Variablen und dort aus, wo vielleicht außer der Autobahn noch die Staatsstraße, Eisenbahn und ein Fluss auf engem Raum und mit zahllosen Schnittpunkten verlaufen. Die traurige Wahrheit ist, dass die Leute die Tiere lieben, allerdings die Haustiere: Hund, Katze und Kanarienvogel, und sich über andere Haustiere entrüsten, wie zum Beispiel: Schwein, Kuh, Gans, Henne und Hasen. Für die Wildtiere, die aussterben, interessieren sich jedoch nur wenige, besonders für die nicht so kuscheligen und verschmusten. Wenn du eine Katze tötest, die keine ökologische Bedeutung hat, es sei denn wegen der Schäden, die sie anrichtet, um Himmels willen, wenn du eine Froschart auslöscht, die eine ganz bestimmte Rolle und ihren genauen ökologischen Raum hat, wen interessiert das wirklich? Die meisten Wildtiere sieht man als Problem. Der Wolf frisst das Schaf (Haustier), der Bär plündert einen Bienenstock (Honigbiene), die Stare fressen dir die Kirschen (Kulturpflanze), der Steinmarder frisst deine Hühner (Haustier), und so könnte ich stundenlang fortfahren. Die Haustiere sind eine Marotte von uns, fast immer ein Geschäft und, wie ich vorher geschrieben habe, wir tragen di Verantwortung für sie (in jeder Hinsicht); sie dürfen der Ökologie keine Probleme bereiten und genau deshalb sind wir schuld, wenn sie dann welche verursachen. Die Leute skandalisieren sich über das Sterben der Bienen (*Apis mellifera* - Honigbiene), die der Mensch gezüchtet, selektiert und in die ganze Welt exportiert hat, auch wo es sie nicht gab, zum Schaden der örtlichen Wildbienen. Es hat nie so viele Honigbienen auf der Welt gegeben wie in den letzten Jahren. Der Honig ist ein Geschäft. Stimmt, in den letzten Jahren wurden sie ein wenig dezimiert, aus verschiedenen Gründen, Milben, Insektizide, Wetter und vieles mehr, es sind jedoch immer noch sehr viele, wirklich sehr viele, im Vergleich zu vor 50 oder 100 Jahren. Praktisch haben wir ein Bestäubermonopol geschaffen. Man sollte auch nicht vergessen, dass nicht alle Pflanzen Bestäuber brauchen und dass keine Pflanze nur von der *Apis mellifera* (Honigbiene) bestäubt wird. Bei einigen Pflanzen (zum Beispiel Orchideen) hingegen gibt es Arten, die sich angepasst haben, um genau von einem besonderen Schmetterling bestäubt zu werden, einem Zweiflügler, einem Vogel oder einer anderen Art der Hautflügler. Ein Großteil der von der Honigbiene bestäubten Pflanzen wird auch von anderen Arten bestäubt. Nun werdet ihr euch fragen: hat Mirko etwas gegen die Bienen? Nein, ich habe etwas gegen die, welche glauben, dass die Honigbiene die Welt rettet, und gegen die, welche nicht sehen, wie viele Gliederfüßer (Insekten und andere) tatsächlich vom Aussterben bedroht sind, sich aber nur um die Honigbiene Sorgen machen, die alles andere als vom Aussterben bedroht ist! Denn wenn sie verschwindet, ist das kein Problem, oder zumindest ist es nicht das wahre Problem. Bevor man sie züchtete, führten die Wildbienen und viele andere Tiere (nicht nur Hautflügler und nicht nur Insekten) die Bestäubung durch. Doch wie immer, wenn der Mensch feststellt, dass ein Insektizid, das Klima, menschliche Eingriffe oder sonst etwas Schäden verursacht, unternimmt er nur dann etwas, wenn man ihm ein Haustier anrührt. Wenn unsere Tätigkeiten einen Käfer, einen

Schmetterling oder eine Wildbiene ausmerzen, Amen. Wir nehmen nur dann Kenntnis davon, wenn all das unsere Einnahmequelle betrifft: den Honig. Da dieser Gewinn bringt, muss man sich die Katastrophe der Bestäubung erfinden. Wenn ich euch nun sage, dass ich mich entschließe, die *Asimina triloba*, (Dreilappiger Papau, auch Indianerbanane oder Pawpaw genannt, ist heutzutage angesagt) anzubauen und dass seine wichtigsten Bestäuberinsekten Zweiflügler sind: nette Fleischfliegen oder Aasfliegen (*Sarcophaga carnaria* und ähnliche) und einige seltene Käferarten und nicht die viel gepriesenen Bienen, was dann? Niemand interessiert sich für das Massensterben dieser schönen Brummer! Die Schmeißfliegen produzieren keinen Honig, daraus kannst du kein Filet oder keine Pastete machen und sie schmiegen sich nicht an dich (und wenn sie das tun, dann gefällt es euch nicht); niemand außer dem Erzeuger von Indianerbananen macht damit dank ihnen ein Geschäft (in einigen Ländern sind sie eine wichtige Quelle). Niemand züchtet Schmeißfliegen und verdient an ihnen (außer um Larven zum Fischen zu produzieren), daher spricht niemand von ihrem Massensterben und seltsamerweise spricht niemand von Insektiziden. Amen.

Hände weg von des Menschen Haustier!
Wie oben geschrieben, ist die wahre Gefahr für eine Art nicht der natürliche – und ich würde hinzufügen: der autochthone oder sich wieder ausbreitende – Beutegreifer, sondern der Konkurrent. Das wusste nicht nur Lorenz viel früher, es gibt auch mehrere Studien darüber. Das kann man jedenfalls durch Beobachtung feststellen. Ich meine natürlich nicht die intraspezifi-

sche Konkurrenz, sondern die interspezifische: das hat mich häufig dazu gebracht, über das Einwirken des Menschen nachzudenken. Selbstverständlich sind wir große Konkurrenten, weil wir nicht nur verschiedene Nahrungsnischen, sondern oft ganze Habitate durcheinanderbringen und monopolisieren, und außerdem sind wir in einigen Fällen auch Beutegreifer. Ich möchte aber über etwas anderes sprechen, kehren wir zu unserer Honigbiene und zu den verschiedenen Unterarten zurück, die wir in der ganzen Welt verbreitet haben. Ich erinnere daran, dass ihre Ursprünge in Westasien liegen und dass sie erst dann, in jüngerer Zeit vor ungefähr 1-2 Millionen Jahren, in Nordafrika Osteuropa und Nordeuropa heimisch geworden ist. Die ersten Versuche, sie zu halten, dürften vor ungefähr 8500 Jahren in Anatolien mit den ersten künstlichen Bienenstöcken erfolgt sein. Für mich ist Bienenzucht heute Viehzucht. Nie hat es so viele Honigbienen (*Apis mellifera*) gegeben wie heute, und zudem in der ganzen Welt verstreut, auch in Kontinenten, wo es sie vorher nicht gab, und doch existierte die Natur, die Bestäubung fand auf jeden Fall statt und niemand starb innerhalb von drei Jahren, wie viele Falschmeldungen sagen. Nun aber will ich die Sache von einem anderen Gesichtspunkt aus betrachten. Außer dem Wind bestäuben Insekten, aber auch andere Gliederfüßer, Säugetiere, Vögel und selbst der Mensch, ohne es zu wollen. Viele Pollen bleiben zum Beispiel an unseren Hosen haften und werden von diesen weiterbefördert. Insekten und andere Tiere, die sich von Nektar und Pollen ernähren oder einfach auf einer Blume rasten, transportieren die Pollen unabsichtlich von einer Blume zur anderen. Es gibt Tiere, die sich von wenigen

Blumenarten ernähren, und andere, die auf sehr vielen schlemmen. Einige Tiere sind auch so auf eine Blumenart spezialisiert, dass sie die einzigen sind, die sie bestäuben. Wieder andere bestäuben 3, 4 oder wenige andere Arten. Die Honigbiene dagegen ist nicht so spezialisiert und ernährt sich von zahlreichen Blumenarten, die sie also bestäubt. Gut, nun wissen wir also, dass wir mit einem Insekt über den Planeten hergefallen sind, sowohl geografisch als auch anzahlmäßig. Verrückte Zahlen, in der Tat, findet mir ein anderes Tier, das so verbreitet ist. Bienenstöcke allenthalben. Erinnern wir uns an Lorenz: Der Feind einer Art ist nicht der Beutegreifer, sondern der Konkurrent.

Leider haben wir einen auffälligen Rückgang von Wildbienen und anderen Insekten, doch die Schuld darf man nicht nur im Bereich der Pestizide suchen, wie es besonders bei der Honigbiene der Fall ist. Für diese Insekten ist die Honigbiene ein sehr starker Konkurrent. Wir dürfen nicht vergessen, dass einige Insekten keine großen Alternativen haben, sie sind auf wenige Pflanzen spezialisiert. Die *Apis m*ellifera dagegen findet immer etwas zu speisen. Für einige Insekten ist die starke Konkurrenz bei wenigen für sie nützlichen Arten ein Problem. Zudem werden die Honigbienen vom Menschen behütet und gepflegt. Sie verfügen auch im Frühling von Anfang an über eine ansehnliche Population. Bei vielen Arten wird dagegen eine neue Kolonie von Null auf gegründet. Ich schließe dieses Thema ab und erinnere an zwei weitere Dinge. Die Feige, die keine Frucht ist, sondern eine Blüte, wird von einem Hautflügler (*Blastophaga psenes* = Feigengallwespe) der Familie der *Agaonidae* (Feigenwespen) bestäubt, die viele sehr wahrscheinlich mit einer geflügelten Ameise verwechseln; diese bleibt im Inneren zurück und wird später von einem Enzym (Figain) zersetzt und in Proteine zerlegt. Dieser Mutualismus ist als Feigen-Wespen-Symbiose bekannt. Ein artspezifischer Bestäuber. Dieser Mutualismus beeinflusst das Leben beider und ihre Existenz ist nur an die Präsenz des anderen gekoppelt. Die vom Menschen hervorgebrachten neuen Kulturvarietäten der Feige aber sind heutzutage selbstfruchtbar. Dadurch wurde das Problem des Fehlens der Feigengallwespe, das auch durch die Verwendung von Insektiziden verursacht wurde, gelöst. Mögt ihr Schokolade? Pralinen, Sachertorte? Schokoladeeis? Heiße Schokolade? Gut, da müsst ihr jemand anders danken. Der Kakaobaum, aber nicht nur er, wird von Insekten der Ordnung der Zweiflügler und der Familie der *Culicidae* (Stechmücken) bestäubt. Diese kleinen Insekten sind seine wichtigsten Bestäuber; ihren Energiebedarf decken sie durch die Aufnahme von süßen Pflanzensäften, Blütennektar und Honigtau. Viele Stechmückenarten benötigen aber auch eine Proteinzufuhr, um ihre Eier zur vollen Reife zu bringen, und so werden sie auch zu Fleischfressern (oder Blutsaugern). Vielleicht sind euch jetzt die Stechmücken weniger verhasst, da ihr nun wisst, dass sie den köstlichen Kakao bestäuben und dass nur die Weibchen stechen, weil das für die Fortpflanzung unentbehrlich ist. Selbstverständlich gibt es bei uns keine Kakaoplantagen, die Stechmücken leisten aber auf jeden Fall einen wertvollen Beitrag für die Befruchtung, so wie zahlreiche andere Zweiflügler und Faltenwespen. Doch da wir von ihnen keinen wirtschaftlichen Vorteil haben (Honig), interessiert der Aspekt der Bestäubung kaum mehr jemand, und wenn wir sie mit den Insektiziden ausrotten, ist das egal, im Gegenteil, ein großer Teil der Bevölkerung fordert das vielfach; und so sind wir wieder dort, wo wir waren. Nicht an der Umwelt ist die Scheinökologie interessiert, nicht an der Bestäubung, es ist das Geschäft mit dem Honig, und um dieses Business zu retten, tarnt man es als Biene, die Retterin der Welt.

Stattdessen müssen wir uns aber, wie ich bereits sagte, daran erinnern, dass wir eine Rolle haben und keinen Zweck. Wir sind es, die wir den Zweck für UNSER Ziel erfinden. Das Traurige ist, dass du, wenn du dich mit diesen Themen auseinandersetzt, für jemand gehalten wirst, der etwas gegen die Bienen hat, oder gegen die Landwirtschaft, oder gegen die Katzen, wegen ihrer Auswirkungen auf die Umwelt. Nein, ich bin nur konsequent und realistisch. Bienenzucht ist in primis Viehzucht und Business, Landwirtschaft ist in primis nicht natürlich, die Hauskatze gehört nicht zu den Wildtieren, dessen muss man sich bewusst sein, man muss wissen und einräumen, dass sie Auswirkungen auf Natur und Ökologie haben, man muss für sein Handeln Verantwortung tragen; dies zu bestreiten, zu ignorieren, zweierlei Maß und Gewicht anzuwenden, nach Alibis zu suchen, zu glauben, dass aufgrund unserer Sympathien oder unseres persönlichen Vorteils ein Tier wichtiger sei als ein anderes, heißt, auf Natur und Ökologie zu pfeifen.

Ich habe mehrmals gesagt, dass ich nicht über Haustiere schreiben wollte, doch lässt sich das wirklich vermeiden, wenn man über Ökologie diskutiert?

XXX
Ein Gespensterbär und eine erfundene Ethik

Ich habe bereits zuvor über dieses Thema geschrieben, eine Situation aber zwingt mich, darauf zurückzukommen. Ich habe mich im Gebüsch versteckt in der Hoffnung, einen Bären zu sichten. Während ich ruhig dahockte, waren ein paar Ameisen unter die Hosen geschlüpft und hatten mich gepikst. Ameisen sind, wie ihr wisst, soziale Tiere, Bären dagegen Einzelgänger, die Männchen durchweg, die Weibchen nur dann, wenn sie keine Jungen haben, die sie ungefähr anderthalb, höchstens zwei Jahre lang beschützen und unterweisen, bis sie vollkommen selbstständig sind. Ich spreche natürlich von unserem Braunbären, der in Trentino-Südtirol präsent ist. Diese zwei sehr unterschiedlichen Lebensweisen haben mich an einige Vergleiche mit dem Menschen und an eine wiederkehrende Aussage denken lassen, die viele Leute tätigen.

„Die Natur ist so perfekt, schade, dass der Mensch so böse ist."
Als Erstes, ich weiß nicht, was sie mit perfekt meinen, ich denke, das hängt sehr davon ab, was jeder Einzelne mit diesem Adjektiv meint. Die Natur ist, was mich betrifft, eine ständige Anpassung oder der Versuch einer Anpassung. Ich könnte eine endlose Reihe von Beispielen einer nicht absoluten Perfektion aufzählen, wie zum Beispiel die anatomischen Hinterlassenschaften der Evolution, die oft sinnlos oder hinderlich er-

scheinen, in Wirklichkeit aber unbestreitbare Beweise
für die Evolution selbst und die Anpassungen an eine
ferne Vergangenheit sind.
Darüber, ob wir die Böseren sind, möchte ich diskutieren. Auch da hängt es davon ab, was der Einzelne unter böse versteht.

Ich bin böse, wenn ich an meine persönlichen Interessen denke. Ein Bär oder Löwe, der die Jungen eines
Konkurrenten tötet, um sich mit dem Weibchen paaren
zu können, ist es der nicht? Der Kuckuck, der die
Stiefbrüder aus dem Nest wirft? Der Rehbock, der die
Rehgeiß trächtig macht und sie dann verlässt? Ich
glaube, in Wirklichkeit ist es genau das Gegenteil. Der
Mensch hat Ethik und Moral erfunden, die es in der
Natur nicht gibt. Wir können darüber diskutieren, wie
der Mensch zu den verschiedenen Regeln gekommen
ist; zu Regeln, die von einem sehr langen Entwick-
lungsprozess beeinflusst sind, der bei den ältesten Zivilisationen beginnt und bis in unsere Zeit reicht, mit
ganz unterschiedlichen Kulturen gemäß Religionen,
Geschichte, Gesetzen, Bräuchen und vielem mehr.
Auch heute noch vergleichen wir, nicht ohne lebhafte
Diskussionen, die verschiedenen Kulturen; schlussendlich sind es aber genau die Ethik und die Moral,
auch wenn sie in den verschiedenen Kulturen grund-
verschieden sind, die uns davon abbringen, böse zu
sein. Wir sind eine soziale Spezies; viel sozialer und
mit viel weniger Kasten als andere soziale Tiere. Wir
haben unsere Freiheit, eine viel größere Bewegungs-
freiheit im Vergleich zu ihnen, und schließlich haben
wir eine alleinige Eigenheit, eine wissenschaftlich fun-
dierte Eigenheit, die Solidarität. Eine Solidarität, die

oft weit über die hinausgeht, die sich auf das Paar oder
die engere Familie beschränkt.

Man versucht den Schwächeren zu helfen, mit Gesetzen, Wohltätigkeit, Freiwilligenarbeit. Man versucht
der Gesellschaft zu helfen, mit dem öffentlichen Ge-
sundheitsdienst, mit Sozialmaßnahmen, mit der öffentlichen Schule.
Nicht alles funktioniert, das sei klargestellt, aber das
alles ist Verdienst unserer Gesellschaften, die einen
mehr, die anderen weniger entwickelt. Es ist Verdienst
der Ethik und der Moral in einer Gesellschaft und beide sind nicht natürlich, sondern ein Ergebnis des Menschen. Genau betrachtet, ist das Besser-Sein und das
Sozialer-Sein ein Sich-Entfernen von der Natur, in ihr
gibt es nämlich keine Ethik. Wir gehen oft weit über
die Blutsbande hinaus, weit über die persönliche Bin-
dung zu einer Person. Wie oft zahlt man Geld auf ein
Konto zugunsten ferner Bevölkerungen ein, die von einer Katastrophe heimgesucht wurden, oder für Personen, die besonderer Heilbehandlungen bedürfen. Ich
bin sicher, dass es keine andere derart altruistische und
gute Spezies auf der Welt gibt. Klar, dass es dann innerhalb der einzelnen Arten Ausnahmen gibt. Wir sind
auch imstande, ungeheures Unheil anzurichten, häufig
unbewusst, manchmal bewusst.

Was ich aber nicht vertrage, ist, wenn man alles in einen
Topf wirft. Der Mensch … der Mensch … Wir sind so
viele, die meisten Menschen, die ich kenne, sind nette
Leute, bereit zuzuhören, sich zu informieren, sich zu
verbessern, zu bewahren. Wenn ihr von unwissenden,
bösen und gleichgültigen Personen umgeben seid, soll-

tet ihr euch vielleicht die eine oder andere Frage stellen. Der Mensch ist weit entfernt von der Perfektion, falls es sie gibt, wir dürfen aber nicht vergessen, dass wir eine junge, neue Art sind. Unsere kulturelle Evolution ist noch jünger, es braucht Geduld und wir können inzwischen nur versuchen, besser zu werden.

Trotz der Tageszeit ist es höllisch heiß, der Bär hat sich noch nicht sehen lassen und die Ameisen malträtieren meine Beine. Die Augen brennen wegen des Schweißes und des ständigen Hin und Her zwischen Mobiltelefon und Nachtsichtgerät. Meine Augen tanzen Twist. Genug gedacht und geschrieben, es ist Zeit, sich ausschließlich dem Bären zu widmen. In diesem glühend heißen Sommer findet man kilometerweit kein Wasser mehr, die Bäche sind alle ausgetrocknet, es gibt nur diese zwei künstlichen Weiher. Einer ist umzäunt, er gehört der Feuerwehr und dient als Speicherbecken für Brandfälle; der andere wird mit dem Überlaufwasser des Ersteren gespeist, ist nicht umzäunt und in dieser Zeit extremen Wassermangels fast ausgetrocknet. In dieser atypischen Situation ist das Wasser vom Beckenrand zurückgewichen und hat einen schönen breiten Schlammstreifen zwischen Wiese und Wasserspiegel entstehen lassen. In den letzten Tagen hatte ich in diesem Schlamm viele Fußspuren verschiedener Tiere gesehen und besonders einige bestimmte hatten meine Aufmerksamkeit erregt. Es waren Spuren eines Bären, und soviel ich verstehen konnte, war er mehrmals gekommen, um seinen Durst zu stillen.

Es wird dunkel und endlich höre ich, wie sich die ersten Gespenster nähern. Als Erster präsentiert sich ein

Dachs. Wie immer, vertraut er in erster Linie auf sein Geruchsvermögen und so hält er inne und schnuppert. Zum Glück weht der Wind nachts fast immer nach Osten und meine Entscheidung war richtig, ich bin dem Wind abgekehrt. Die Gegend gut zu kennen ist von Vorteil. Er trinkt, hält sich aber nicht lange auf und streift gleich wieder weiter. Das zweite Tier erscheint eine Stunde später, eine Rehgeiß, unglaublich, wie sie immer auf der Hut sind, auch während sie trinken. Die beiden Ohren wechseln dauernd die Richtung und sobald sie etwas Ungewöhnliches hört, hebt sie den Kopf und inspiziert regungslos die Umgebung, wobei sie immer nur die Ohren in alle Richtungen bewegt. Nach dem Trinken verschwindet sie im Wald. Ich werde langsam müde und sitze unbequem, die Temperatur ist für meinen Geschmack immer noch zu hoch, ich schwitze und locke Stechmücken und andere Insekten an. Mit dem Nachtsichtgerät beobachte ich die Landschaft.

Nicht weit von mir sehe ich zwei männliche Hirsche, sie rupfen Blätter von einigen Bäumen, sind etwa drei, vier Jahr alt, sehr schön, doch ich bin wegen des Bären hier, der sich nicht blicken lässt, und beginne mich damit abzufinden. Du kannst alle Spuren lesen, die du willst, letztlich aber bleibt es immer eine Frage des Glücks, und auch wenn es stimmt, dass es den Mutigen hilft, stimmt es umso mehr, dass es sehr schlecht sehen muss, erst recht bei Nacht. Nach zwei weiteren erfolglosen Stunden beschließe ich, nach Hause zu gehen, der Dreiviertelmond spendet genug Licht und so benütze ich die Stirnlampe nur, bis ich den Forstweg erreiche; von dort an lege ich die Kilometer bis zum Auto bei Mondschein zurück. Mit dem Nachtsichtgerät in der einen und der ausgeschalteten Taschenlampe in der anderen Hand folge ich leise der Straße, die ich fast auswendig kenne, die Ohren gespitzt, um jedes kleinste Geräusch wahrzunehmen.

Der Wald ist nachts alles andere als still, vor allem in Nächten mit wenig Wind hört man unglaublich viele Geräusche, von den Siebenschläfern, die einander nachlaufen, zum Laub und Geäst, das von anderen durchziehenden Säugetieren zerbrochen wird. Für mich sind die schönsten Geräusche die der nächtlichen Greifvögel und das Heulen der Wölfe, sie gehen dir unter die Haut, sind unglaublich, da muss etwas Atavistisches sein, das hochkommt. Auch wenn du sie noch nie gehört hast, glaubst du, sie seit jeher zu kennen, sie sind in uns seit unseren Ursprüngen. Meine Anwesenheit, mein Geruch und meine Schritte bleiben sicher nicht unbemerkt und unterhalb des Forstweges läuft jemand davon und bringt ein paar Steine ins Rollen, der Himmel ist heiter, leider kein Gewitter im Anzug, es braucht Wasser, der Wald ist seit Langem auf Reserve. Ein paar Meter vor mir sehe ich, dass sich mitten auf dem Schotterweg etwas bewegt, ich bleibe stehen, um genau hinzusehen, kann aber nicht erkennen, was es ist. Ich schalte die Taschenlampe ein, es ist eine Schlange, ich gehe näher heran, es handelt sich um eine *Colubro di Esculapio* (Äskulapnatter). Bei diesen warmen Temperaturen bewegen auch sie sich von Sonnenuntergang bis Tagesanbruch; ich gehe weiter, mit dem Kopf bereits unter der Dusche, ich glaube, überall noch die Ameisen zu spüren. Ich erreiche das Auto und starte, im Schein der Xenonscheinwerfer scheint der Wald nun nicht mehr so verzaubert, durch die geöffneten Fenster strömt Luft herein, sie ist aber noch warm, verrückt angesichts der Tageszeit. Ich bin fast zu Hause, da rennt mir hinter einer Kurve ein Fuchs über die Straße und ich sehe ihn nur dank des weißen Punktes am Schwanz.

Ab und zu verläuft es so, du verbringst die Nacht mit dem Warten auf ein Tier, das sich nicht sehen lässt, aber wenn du tatsächlich imstande bist, deine Umgebung zu beobachten, wirst du jederzeit etwas Schönes sehen, die Natur versetzt dich in Erstaunen, wenn du es am wenigsten erwartest. Ich lege mich schlafen und denke noch an den imaginären bösen Menschen, wir sind mehr als 7 Milliarden, nach dem Gesetz der großen Zahlen sind unweigerlich Bösewichte darunter; wir sind aber auch die einzige Art, die Freiwilligenarbeit leistet, die Wohltätigkeit betreibt, die die Kranken, Alten und Schwachen pflegt, auch wenn keine familiären Bindungen bestehen. Unsere Art, unsere Gesellschaft ist letztlich nicht so schlimm, davon bin ich absolut überzeugt.

Empfehlungen:
Huxley, *Evolution und Ethik*.
Ireneus Eibl Eibesfeldt, *Liebe und Hass*.
Stephen Jay Gould, *Wie das Zebra zu seinen Streifen kommt*.

XXXI
Eine Nacht und ein Cocktail von Gedanken

An jenem Abend war die Plauderei zwischen mir und meinem Sohn ganz anders verlaufen als gewöhnlich. Vor einem Lagerfeuer sitzend, nachdem wir über die Dachse diskutiert hatten, betrachteten wir den Himmel. Die mondlose Nacht ließ die Sterne wunderbar leuchten und man konnte auch einige Planeten sehen. Wie viele Nächte habe ich als kleiner Junge, in der Hängematte liegend, von fernen Welten geträumt. Nicolas bittet mich, ihm ein paar Sternbilder zu zeigen, ich kenne aber nicht so viele und so wechselt er das Thema und fragt mich, ob ich an Außerirdische glaube. Gerade als ich ihm antworten will, flattert eine Fledermaus über unsere Köpfe hinweg. Wo ich als Kind wohnte, gab es viele, hier sind sie seltener.

„Was für eine Fledermaus war das?"

„Ich weiß es nicht Nic, ich habe jedenfalls zwei Bücher im Wohnzimmer, nachher schauen wir, welche Arten hier in der Gegend vorkommen."

„Erzähl mir von den Außerirdischen."

„Ich weiß nicht, ich glaube, das Universum ist so weitläufig und voller Planeten, dass es eine Illusion wäre zu denken, die Erde sei der einzige Planet mit Lebensformen; welche Leben dann diese Planeten bewohnen, weiß ich nicht. Wir denken immer an das Leben, wie wir es hier kennen, es könnte aber ein ganz anderes sein, möglicherweise gar nicht auf Kohlenstoffbasis, immer vorausgesetzt, dass es möglich ist."

„Vielleicht kommen sie uns eines Tages besuchen."
„Sie müssten über ein Transportsystem verfügen, das schneller ist als das Licht."
„Das Licht aber ist superschnell!"
„Nic, du sprichst mit dem Falschen; ich bin kein Physiker und auch kein Astronom, doch wenn ich mich recht erinnere, würde es auch dann, wenn man mit Lichtgeschwindigkeit reisen könnte, Jahre dauern, um jene Planeten zu erreichen, von denen wir glauben, dass es auf ihnen Leben geben könnte. Vielleicht irre ich mich aber."
„Und wenn sie kommen würden? Was glaubst du, würden sie tun?"
„Ich weiß nicht. Als Erstes aber würde ich mich nach dem Warum dieser langen Reise fragen, und als Zweites würde ich hoffen, dass sich zwei Dinge nicht wiederholen."
„Was?"
„Aus welchen Gründen würde ich jahrelang durch das Universum reisen? Würde ich es aus Unternehmungsgeist oder weswegen sonst tun? Um neue Welten zu erobern? Für Geld? Weil mein Planet nicht mehr bewohnbar ist? Die Begründungen sind nicht sehr viel anders als unsere. Es sind dieselben wie die unserer frühen Entdeckungsseefahrer. Man brach nach Afrika auf, nach Indien, man entdeckte unabsichtlich Amerika. Gestern verließ man die harte Bergwelt und die Felder und zog in die bequeme Stadt, heute ist oft das Gegenteil der Fall. Man zieht von den unerträglichen Städten weg, um in die Berge zurückzukehren. In eine Bergwelt allerdings, die die gleichen Annehmlichkeiten bietet wie die Stadt. Zuerst kolonisierten wir die halbe Welt weit weg von Zuhause, heute kolonisieren wir die Natur rings um

unser Zuhause. Sie könnten zu uns kommen und uns so
sehen, wie wir die Indios sahen, oder wie wir heute die
Natur im Allgemeinen sehen."

„Wenn sie aber zufällig vor einem Krieg oder einer
Katastrophe fliehen würden?"
„In diesem Fall fürchte ich, dass wir genauso reagieren
werden wie bei den Flüchtlingen. Einige von uns werden sie mit offenen Armen empfangen, andere mit dem
Gewehr im Anschlag; wenn sie mit unseresgleichen so
umgegangen sind, was glaubst du wohl, werden sie
Lebensformen antun, die ganz anders sind als wir. Der
unwissende Mensch hat Angst vor dem Wolf, wie sehr
wird er sich dann erst vor einem ihm völlig unbekann-
ten Wesen fürchten."
Nicolas sagte nichts, ich beobachtete ihn ein paar Minuten lang, wie er gedankenverloren dasaß. Er starrte
in den Himmel, wenn das Weiß seiner Augen nicht ge-
blinkt hätte, hätte ich geglaubt, er würde schlafen.
„Alles in Ordnung, Nic?"
„Ja, ja, ich dachte gerade, dass es immer die Dinge
sind, die man nicht kennt, die einem Angst machen,
auch ich hatte Angst vor manchen Tieren."
„Es ist das Unwissen, Wissen führt zu Respekt und zur
richtigen Einschätzung der tatsächlichen Risiken, un-
begründete Angst führt fast immer zu falschen Entscheidungen."
„Wie etwa zur Tötung einer Spinne oder Schlange."
„Genau, ich habe oft über solche Vorfälle nachgedacht
und ich glaube, dass die Angst in diesen Fällen nur ein
Alibi ist. Wenn du einen Mann mit einem Messer, einer Pistole oder einem großen knurrenden Hund siehst,
was tust du dann? Die meisten hauen ab (was beim

Hund falsch wäre) oder verstecken sich, sie versuchen nicht, mit einer Hacke oder einem Besen, die sie meistens erst holen müssen, anzugreifen. Doch was machen sie mit Spinnen und Schlangen (womöglich gar nicht giftig)? Sie nehmen eine Schaufel oder einen Schuh und greifen sie an. Kann man das Angst nennen? Eine Person, die nach einer Waffe sucht, um dann jemand zu attackieren, der ihr gar nicht nachrennt, hat die wirklich Angst? Für mich ist es Unwissen. Sie tun es, weil sie wissen, dass es für sie ein Leichtes ist, zu gewinnen, sie haben nicht wirklich Angst. Bei tatsächlich ängstlichen Menschen habe ich gesehen, dass sie abrupt stehen blieben oder davonrannten. Bei ihnen handelt es sich nur um mangelndes Wissen, und außerdem, überleg doch mal, laufen sie dem Tier fast immer nach, das sich nach den ersten Schlägen mit Recht umdreht, um sich zu verteidigen, und das dann als Angreifer hingestellt wird. Ich habe in meinem Leben eine Menge Tiere gesehen, sowohl hier in den Alpen als auch in Afrika und in den Staaten Nordamerikas, und weißt du, welche mir nachgerannt sind?"
„Die Hunde! Wie bei den Briefträgern!"
„Lach nur! Ja, Hunde, generell aber Haustiere. Eine Stute ist mir nachgerannt, Kühe, ein Ziegenbock und sogar eine verfluchte Hausgans! Und ich sage dir, Wildtiere habe ich wahrlich eine Menge gesehen, auch solche, die gewöhnliche Menschen, irrtümlich, als gefährlich beschreiben. Ich kann dir aber versichern, dass sie viel berechenbarer sind. Die Haustiere nicht, die sind unberechenbar wie häufig ihre Halter, und sie haben auch jene natürliche Angst gegenüber dem Menschen verloren."
„Das hätte ich gern gesehen, wie dir die Gans nachge-

rannt ist!" Sagte er lachend.

„Glaub mir, auch ich musste lachen, sie blies und hatte den Hals nach vorn gestreckt. Das Tier, das mich am meisten in Schwierigkeiten gebracht hat, war allerdings eine Stute. Ich weiß nicht, was mit ihr los war, sie forderte mich ständig heraus, lief mir nach und stellte sich auf die Hinterbeine, ich sah die Hufe der Vorderbeine ganz nahe vor meinem Gesicht. Du weißt, dass ich gern reite und dass ich als Bub in einem Reitstall aushalf, in einer solchen Situation aber hatte ich mich noch nie befunden."

„Tati, eine Sternschnuppe!"

„Es ist der richtige Zeitpunkt, der Meteorschauer der Perseiden erreicht jetzt seinen Höhepunkt; es sind Fragmente von Kometensternen und Asteroiden. Sie heißen Meteoroide und der Schweif, den du siehst, bildet sich beim Eintritt in unsere Atmosphäre, sie verbrennen, bis nichts mehr von ihnen übrig bleibt. Zum Glück sind es keine richtigen Sterne, und heute müssten wir eine Menge davon sehen."

„Und wenn sie nicht verbrennen, Tati?"

„In diesem Fall schlagen sie auf der Erde ein und bekommen einen anderen Namen, es sind Meteoriten und je nach Größe verursachen sie mehr oder weniger große Schäden."

„Tati, schlafen wir jetzt oder lege ich noch ein wenig Holz nach?"

„Morgen arbeite ich nicht und für dich beginnt in wenigen Wochen die Schule, genießen wir diese wunderschöne Nacht, ich hole zwei Isomatten und wir machen es uns bequem, leg ruhig noch ein Stück Holz nach."

Die Zikaden führten ein wunderbares Konzert auf und

die Fledermäuse tranken beim Überfliegen des kleinen Teiches im Flug.

Was für eine fantastische Welt, die Säugetiere haben sich daran gewöhnt, überall zu leben, auf der Erde, im Wasser, in der Luft und auch unter der Erde, und dasselbe ist auch den Insekten gelungen. Zwei so weit voneinander entfernte Klassen haben sich jedenfalls an grundverschiedene Umgebungen angepasst, ist das nicht wundervoll?

Schlussbetrachtung

Ich bin am Ende dieser kurzen Geschichte angelangt, einer kleinen Reise durch meinen Wald auf meinen Pfaden, die stets gepflastert sind mit Gedanken, Beobachtungen, Zweifeln und Fragen. Ich würde mich freuen, wenn man die Natur aus mehreren Blickwinkeln betrachten würde und die Menschen sich Fragen stellten, wenn sie die Antworten in den wissenschaftlichen Untersuchungen suchten und nicht auf Seiten, die um Likes buhlen. Ich möchte, dass die Wanderer verstehen, dass Liebe zu den Bergen vor allem heißt, sie zu respektieren und nicht als Vergnügungspark zu sehen. Wie ihr gesehen habt, sind unter einigen Kapiteln die Titel von Texten angeführt, die hilfreich sind, um verschiedene Themen zu vertiefen, die ich nur oberflächlich gestreift habe. Ich werde mir weiterhin Notizen bei meinen Beobachtungen machen und alle Fragen aufschreiben, die mir durch den Kopf gehen. Ich werde weiterhin Bücher über Tiere lesen und studieren, die in meiner Gegend beheimatet sind, ich bin überzeugt, dass nur das Wissen freimacht von Angst und uns vor Fehlern bewahrt. Ich habe noch viele Fragen, die auf eine Antwort warten, ich muss noch einen alten Weg wiederfinden, der zum Gantkofel führt, und ich hoffe, dass in meinen Wäldern einige Greifvögel und die Wildkatze, die schon seit zu vielen Jahren fehlen, wieder auftauchen.
Der Wald bleibt für mich eine Reise, die ich brauche,

keine alternative Lebensweise, sondern Leben. Mein eigentliches Survival ist das, mit dem ich mich jeden Tag außerhalb des Waldes auseinandersetze.

- 174 -

DANK

Ich danke Kathrin, die meine Alleingänge und Abwesenheiten erträgt.

G. Stanisci, T. Tamburi für die zahlreichen, nützlichen Diskussionen und Nicola für das Zustandekommen dieses Werkes.

Folgen Sie dem Autor:

Instagram und Facebook
mirko.and.the.forest.wildlife

Website
www.mirkomaccani.it